北京灯下蛾类图谱

丁建云　张建华　主编

武春生　审订

中国农业出版社

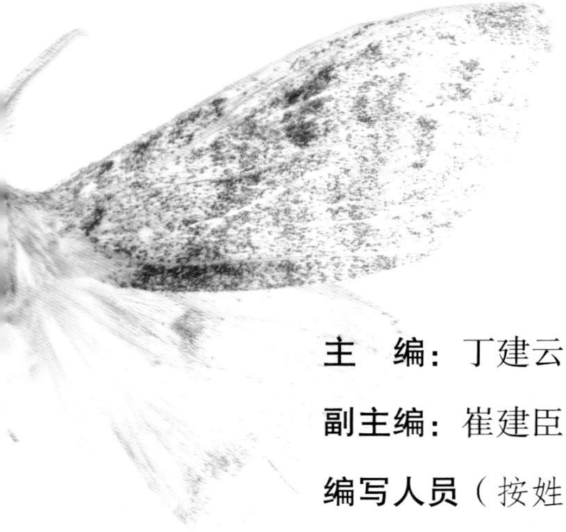

主　编：丁建云　张建华

副主编：崔建臣　姚丹丹

编写人员（按姓氏笔画排列）：

丁建云　马永军　王　松　王丽艳　王泽荟

王银忠　邢冬梅　刘春来　孙　璐　宋玉林

李金山　李婷婷　谷培云　张　帆　张小利

张建华　杨建强　杨得草　周长青　姚丹丹

赵　朔　赵安平　赵振霞　胡冬雪　段永恒

贾　宏　徐　冰　黄志坚　崔建臣　董　芳

隗永江

审　订：武春生

前言
PREFACE

　　昆虫纲是动物界中最大的纲，其种类和数量庞大，分布在世界各个角落，与人类的生活、生产息息相关。昆虫中有令人厌恶的蟑螂、苍蝇、蚊子干扰着人们的生活，也有蝗虫、黏虫、蚜虫等危害着农业生产，当然也不乏勤劳的蜜蜂为我们生产蜜汁，舞动的蜻蜓给我们生活添彩，昆虫与人类的关系爱恨交织，难以分离。昆虫世界五彩缤纷，神秘莫测，常常引发人们浓厚的兴趣和无尽的遐想。对普通民众而言，常常好奇身边的昆虫叫什么，从哪里来到哪里去的来世和今生，给生活增加一些知识性和趣味性；对专业人员来说，需要对昆虫种类作出准确识别，对其生物学规律进行研究，利用昆虫有益的一面为人类服务，规避或抑制昆虫有害的一面，减轻对人们生活、生产的影响。编者从长期的植物保护工作中体会到，对昆虫种类认识不准确、名称使用不规范易在工作交流中产生误解，从而扰乱后续工作的思路和方向，贻误农业害虫防控的有利时机，甚至造成较大损失。因此，正确识别昆虫的种类十分重要。

　　为加强农业重大有害生物和植物疫情监测，北京市2010年建成了60个覆盖全市的植物疫情监测点，对检疫性昆虫以及黏虫、蝗虫、草地螟等重大危险性害虫实施监测。监测点在不同类型的生态环境中设置了佳多自动虫情测报灯，每天诱集到的昆虫种类繁多，监测人员难于统计。为解决监测工作中的实际问题，2012年起，我们组织全北京市植物检疫人员将60个监测点诱集的昆虫进行收集整理，制作成昆虫标本，并针对其中最大的鳞翅目蛾类昆虫标本进行拍照、鉴定，编辑形成《北京灯下蛾类图谱》。图谱收录鳞翅目昆虫27科、359属、494种，由于资料缺乏，其中10种只鉴定到属。494种昆虫中含中国新记录种4种、北京新记录种134种。《北京灯下蛾类图谱》收录蛾类昆虫数量众多，涵盖范围广，既可作为昆虫爱好者和中小学生的科普读物，又可作为农业生产一线专业人士识别昆虫的重要参考书。本书图片力求特征典型、清晰，充分展示成虫的背面、腹面、翅、触角或足等局部特征，文字描述准确、详细，尽量与图片特征相对应，易于识别和掌握。书中目录部分按照昆虫科、属的拉丁学名字母排列；书后索引部分有两种检索方式：一是中文名称索引，按照昆虫的中文名和别名的汉语拼音顺序排列；二是学名索引，按照昆虫的学名及种名字母顺序排列，种名相同的在种名后面用"，"隔开并标注属名。

《北京灯下蛾类图谱》历时4年完成，在编撰过程中，得到了中国科学院动物研究所武春生研究员的大力协助，在此致以衷心感谢。由于编者水平有限，书中难免有差错和遗漏之处，敬请读者批评指正。

编 者

2016年9月

目录
CONTENTS

目录
CONTENTS

1 葡萄修虎蛾 *Seudyra subflava* (Moore)

别名：葡萄虎蛾。

形态：成虫体长约18毫米，翅展约49毫米。头部与胸部紫棕色；颈板及后胸端部暗蓝色；足与腹部黄色，腹背有1列紫棕色斑。前翅灰黄色，密布紫棕色细点；后缘区及端区大部紫棕色；内横线灰黄色，外斜至中室折角内斜并呈双线；环纹与肾纹具紫棕色黄边；外横线双线灰黄色，中部外弯，后半明显内斜；亚端线灰白色锯齿形；端线为1列黑点，内侧衬灰黄；翅脉灰黄色。后翅杏黄色，端区有1紫棕色宽带，其内缘中部凹，近臀角有1褐黄斑，中室有1暗灰斑。

习性：为害葡萄、爬山虎。

分布：中国北京、河北、黑龙江、辽宁、山东、广东、江西、湖北、贵州，朝鲜，日本。

1.成虫背面　2.成虫腹面

2013年8月　北京怀柔

1　红缘灯蛾　*Aloa lactinea* (Cramer)

别名：红袖灯蛾、红边灯蛾。

形态：成虫翅展雄46～56毫米，雌52～64毫米。体白色；下唇须红色，下唇须顶端黑色，触角黑色；头顶、颈板端缘及肩角带红色，翅基片通常具黑点；腹部背面除基节及肛毛簇外橙黄色，腹面白色，背面具黑色纵带，亚侧面具黑点。前翅前缘具红带，中室上角通常有黑点；后翅横脉纹通常为新月形黑斑，黑色亚端点或多或少或无。

习性：以蛹越冬，翌年5、6月间开始羽化。雌蛾产卵成块。幼虫孵化后群集为害，三龄后扩散为害。幼虫食性很杂，为害玉米、大豆、谷子、棉花、芝麻、高粱、向日葵、绿豆、紫穗槐等，啃食农作物的叶、花、果实，幼虫为害盛期正是各种农作物的开花结荚期。

分布：中国北京、河北、天津、内蒙古、辽宁、陕西、河南、山东、江苏、浙江、安徽、广东、海南、四川、云南，缅甸，斯里兰卡，尼泊尔，日本，朝鲜。

1.成虫背面　2.成虫腹面

2014年9月　北京房山

2　广鹿蛾　*Amata emma* (Butler)

形态：成虫翅展24～36毫米。头、胸、腹部黑褐色，颈板黄色，触角顶端白色，腹部背侧面各节具黄带，腹面黑褐色，翅黑褐色。前翅M_1斑近方形或稍长，M_2斑为梯形，M_3斑圆形或菱形，M_4、M_5、M_6斑狭长形。后翅后缘基部黄色；前缘区下方具有1较大的透明斑，在Cu_2脉处成齿状凹陷；翅顶黑边较宽。后足胫节有中距；后翅M_3脉、R_s脉缺，Cu_1脉、M_2脉从中室下角伸出，或共短柄。

习性：北京6～8月可见成虫。成虫具趋光性。

分布：中国北京、河北、陕西、山东、江苏、浙江、福建、江西、湖北、湖南、广东、广西、四川、贵州、云南、台湾，印度，缅甸，日本。

1.成虫背面　2.成虫腹面

2013年8月　北京怀柔

3 豹灯蛾 *Arctia caja* (Linnaeus)

形态：成虫翅展 58 ~ 86 毫米。成虫体色和花纹变异很大，头、胸褐色，腹背面红或橙黄色，腹面黑褐色。前翅红褐色，亚基线在中脉处折角，前缘在内、中横线处有白斑，外横线在外方折角斜向后缘，亚端带从翅顶斜向外缘。后翅红或橙黄色，翅中近基部有蓝黑色大圆斑，亚端线大圆斑 3 个。

习性：1 年发生 1 代，以幼虫于杂草落叶下越冬，翌年早春开始为害，6 月中、下旬在落叶下化蛹，8 月上旬羽化，9 月下旬产卵，早春为害桑叶最烈。主要为害甘蓝、桑、蚕豆、菊、醋栗、接骨木、大麻等。

分布：中国北京、河北、黑龙江、吉林、辽宁、内蒙古、山西、陕西、宁夏、新疆，朝鲜，日本，美国，印度以及欧洲。

1. 成虫背面　2. 成虫腹面

2013 年 7 月　北京延庆

4 粗艳苔蛾 *Asura dasara* (Moore)

形态：成虫翅展 20 ~ 30 毫米。体黄色，肩角与中胸具黑点，腹端部染暗褐色或完全为暗褐色。雄蛾前翅亚基线黑色，前缘基部具黑边，内横线为暗褐色曲带，横脉纹为一模糊的暗褐点，外带由脉间延长的暗褐色斑组成，在中室下方几乎或完全与内横线连成一片，除边缘外中间有一大块褐色斑，反面基部黑斑明显；后翅淡黄色，反面翅顶有褐色斑。雌蛾通常为淡黄至黄色，肩角及中胸具黑点，前足胫节具暗褐色带，跗节端部暗褐色；前翅有 1 黑色亚基点及横脉纹点。有些种类内横线与外横线减缩成分开的齿状线，横脉纹点突出。

分布：中国北京、陕西、浙江、江西、湖北、湖南、福建、广西、海南、四川、云南、西藏，印度，缅甸，印度尼西亚。

1. 成虫背面　2. 成虫腹面

2013 年 8 月　北京怀柔

5 暗脉艳苔蛾 *Asura nigrivena* (Leech)

形态：成虫翅展约37毫米。头、胸、腹赭白色，胸部稍染粉红色，下唇须侧面、前足胫节带及跗节黑褐色，腹部端半部深赭色。前翅红色，前缘基部黑色，中室基部有1黑点，黑色内横线黑点在前缘下方与后缘上方斜置，横脉1黑点，从中室起翅脉为黑纹，亚中褶及A脉上的黑纹不达端区，反面具有一大块黑斑；后翅缘毛黄色。

分布：北京、四川。

1.成虫背面　2.成虫腹面

2013年8月　北京怀柔

6 白雪灯蛾 *Chionarctia nivea* (Menetries)

别名：白灯蛾。

形态：成虫雄蛾翅展55～70毫米，雌蛾70～80毫米。体白色，下唇须基部红色，第三节黑色；触角栉齿黑色，前足基节红色具黑斑，各足腿节上方红色，前足腿节尚具黑纹，腹部白色，侧面除基节及端节外有红斑，背面与侧面各有1列黑点；翅白色，翅脉色稍深，后翅横脉纹黑褐色。

习性：1年发生3代，以蛹在土中越冬。成虫趋光性强，白天栖息在植物丛中叶背面，夜间活动。幼虫为害高粱、大豆、小麦、车前、蒲公英等。

分布：中国北京、河北、辽宁、吉林、黑龙江、内蒙古、陕西、山东、河南、浙江、福建、江西、湖北、湖南、广西、四川、贵州、云南，日本，朝鲜。

1.成虫背面　2.成虫腹面

2013年8月　北京怀柔

7　血红雪苔蛾　*Cyana sanguinea* (Bremer et Grey)

　　形态：成虫翅展24~34毫米。体白色。雄蛾前翅亚基线短，红色；前缘基部一红带与红色内横线相接；内横线从前缘斜向中脉，在中室与一短红带相接，然后垂直；中室上、下角各有1黑点；外横线红色，从前缘斜向M₃脉，然后直向臀角；端线红色，基部白色；缘毛黄色；前翅反面暗褐，具红边。雌蛾前翅中室无红带，端线在翅顶不成弧形。

　　分布：中国北京、河北、山西、陕西、四川、云南、台湾，日本。

1.雄成虫背面　2.雄成虫腹面　3.雌成虫背面

1、2.2014年7月　北京怀柔　3.2013年8月　北京平谷

8　排点灯蛾　*Diacrisia sannio* (Linnaeus)

　　别名：排点黄灯蛾。

　　形态：成虫翅展37~43毫米。雄蛾黄色，头暗褐色，触角干上方红色，腹部浅黄色染暗褐色；前翅前缘暗褐色，向翅顶红色，后缘具红带，中室端具红和暗褐斑，缘毛红色；后翅浅黄色，基部通常染暗褐色，横脉纹暗褐色，亚端点为1排成弧形的暗褐色斑点，缘毛红色；前翅反面基半部染暗褐色，外带暗褐色。雌蛾橙褐黄色；下唇须、额、触角红色，翅脉红色，前翅中室端有或多或少的暗褐色斑，后翅基部半染黑色，中室端具黑斑，亚端线为1列黑斑，腹部背面和侧面各1列黑点。

　　习性：幼虫为害欧石楠属、山柳菊属、山萝卜属等植物。

　　分布：中国北京、河北、辽宁、吉林、黑龙江、内蒙古、山西、甘肃、新疆、四川，日本，朝鲜，俄罗斯。

1.成虫背面　2.成虫腹面

2013年7月　北京延庆

9 后褐土苔蛾 *Eilema flavociliata* (Lederer)

形态：成虫翅展24～31毫米。头、胸橙黄色，触角基节黄色其余黑色，腹部基部灰色其余黄色。前翅橙黄，或稍带褐色或暗褐色，前缘基部黑色。后翅暗褐色，向后缘稍黄或褐色，缘毛橙黄色；翅反面暗褐色，边缘及缘毛黄色。

分布：北京、黑龙江、山西、陕西、四川、青海、新疆。

1.成虫背面　2.成虫腹面

2013年8月　北京怀柔

10 黄土苔蛾 *Eilema nigripoda* (Bremer)

形态：成虫翅展雄45～46毫米，雌50～55毫米。雄蛾头和颈板黄色，下唇须第三节及触角黑色，胸部白色，胸足大部暗褐色，腹部淡黄色；前翅暗白色，饰有粉状粗鳞片，前缘基部黑色，端部黄色；后翅黄色；前翅反面中域染暗褐色。雌蛾橙黄色。

分布：中国北京、上海、浙江、福建、甘肃，日本。

1.成虫背面　2.成虫腹面

2013年8月　北京怀柔

11　黄臀黑污灯蛾　*Epatolmis caesarea* (Goeze)

别名：黄臀灯蛾、黑灯蛾。

形态：成虫翅展36～40毫米。头、胸及腹部第一节黑褐色，腹部其余各节背面橙黄色，背面、侧面各有1列黑点，下胸及腹部黑褐色。翅黑褐色，翅脉色深，后翅臀角有橙黄色斑，翅面鳞片稀薄。

习性：北京3～7月灯下可见成虫，为害柳、蒲公英、车前、珍珠菜。

分布：中国北京、河北、黑龙江、吉林、辽宁、内蒙古、山西、山东、陕西、河南、江苏、江西、湖南、四川、云南，日本，朝鲜，土耳其及欧洲。

1.成虫背面　2.成虫腹面

2014年6月　北京延庆

12　头橙荷苔蛾　*Ghoria gigantea* (Oberthür)

形态：成虫翅展32～43毫米。头、颈板橙黄色，胸、腹灰褐色，腹部腹面及肛毛簇黄色；翅灰褐色；前翅前缘带黄色、较宽，至翅顶渐尖削，前缘基部黑边。

习性：北京6～7月灯下可见成虫。

分布：中国北京、河北、河南、黑龙江、辽宁、山西、陕西、甘肃、浙江，朝鲜，日本，俄罗斯。

1.成虫背面　2.成虫腹面

2013年7月　北京怀柔

13　黄灰佳苔蛾　*Hypeugoa flavogrisea* Leech

形态：成虫翅展35 ~ 51毫米。头、胸灰色，混有暗黑鳞片，触角褐色。前翅灰色，散布暗褐点，中带很宽、暗黑色、向后缘变窄，中带内边在前缘下方和中室向外折角，中带外边微齿状，亚端线为不规则齿纹；腹部和后翅黄色，后翅散布暗褐鳞片。

分布：北京、河北、河南、山东、山西、陕西、甘肃、江苏、浙江、江西、湖南、湖北、广西、云南、四川。

1.成虫背面　2.成虫腹面

2014年6月　北京延庆

14　美国白蛾　*Hyphantria cunea* (Drury)

别名：美国白灯蛾、秋幕蛾。

形态：成虫翅展28 ~ 38毫米。体白色，下唇须上方黑色，触角干及栉齿下方黑色，翅基片及胸部有时具黑纹，前足基节橘黄色有黑斑，腿节上方橘黄色，胫节和跗节具黑带，腹部背面黄色或白色，背面、侧面有1列黑点。雄蛾前翅由纯白色无斑点到具浓密的黑色斑点，或散布浅褐色，具有浓密黑点的个体则内横线、中横线、外横线、亚端线在中脉处向外折角再斜向后缘，中室端具黑点，外缘中部有1列黑点；后翅一般无斑点或中室端有1黑点，亚端线处若干斑点位于M_2脉与Cu_2脉处。雌蛾前、后翅白色，通常无斑点。幼虫体色变化很大，根据幼虫头部的色泽可分为黑头型和红头型两类，在国内一般以黑头型幼虫发生较多。黑头型幼虫头亮黑色，无斑纹，傍额片、冠缝色淡而明显，体色多变，由浅到深，一般有黑色宽背带。

习性：以蛹在树皮下或地面枯枝落叶处越冬，幼虫吐丝结网幕群集为害。红头型幼虫在小网内取食，幼虫成熟后，白天栖息于网中不取食，晚间爬至枝端取食；黑头型幼虫蜕第五次皮以前在网内昼夜取食，当网内叶片被食尽后，幼虫移至枝杈和嫩枝的另一部分织一新网，六龄和七龄幼虫则不织网而自由分散到植株的各部分取食。成虫在叶背面产卵成块，每块有卵300 ~ 500粒，卵块上覆盖雌蛾尾毛。主要为害糖槭、桑、白蜡、杨、柳、法国梧桐、苹果等。

分布：中国北京、河北、天津、辽宁、陕西、山东等地，日本，朝鲜，及美洲、欧洲等地。

1. 雄成虫背面　2. 雄成虫腹面　3. 雄成虫足、触角
4. 雌成虫背面　5. 雌成虫腹面
6. 五龄前幼虫所结网目　7. 幼虫

1、2、3、4、5. 2013年7月　北京顺义
6、7. 2014年10月　北京顺义

15　奇特望灯蛾　*Lemyra imparilis* (Butler)

别名：奇特污灯蛾、奇特坦灯蛾。

形态：翅展雄36～54毫米，雌50～64毫米。雌雄异型。雄蛾暗褐色，下唇须顶端及触角黑色，颈板具橙黄边，腹部背面橙黄色，背面与侧面各具1列黑点；前翅基部1黑点，内横线点在前缘处1个及中脉下方1～3个，中横线1列黑点在中脉折角处，外横线1列黑点从M_1脉至Cu_1脉向外弯后再向内弯；后翅黑色亚基点1个，中横线点在中脉折角，外横线黑点列在中室外折角。雌蛾乳白色，复眼后侧及颈板端缘有橙黄毛，下唇须顶端及触角黑色，翅基片前半部及胸各具1黑点；前足基节黄色具黑点，腿节内侧乳白色，外侧黑色，胫节与跗节黑色；前翅乳白色，前缘下方从内横线至翅顶前具3个黑点，分别位于内横线、中横线及中室上角上方，中室下方有1内横线点，中横线1列褐点在中室处折角达后缘，外横线1列褐点从上角外方向外斜至M_3脉折角后向内斜至Cu_2脉处直达后缘上方；后翅乳白色，有时臀角上方具褐色亚端点2～3个。

习性：主要为害桑。

分布：中国北京、河北、辽宁、山东、江西、福建、湖南，日本。

1.雄成虫背面　2.雄成虫腹面

2013年7月　北京怀柔

16　异美苔蛾　*Miltochrista aberrans* Butler

形态：成虫翅展22～26毫米。头、胸橙黄色，腹部暗褐色，腹基部灰色。前翅橙红色，基点黑色，亚基点2个、斜置于中室下方，前缘基部至内横线处黑边，内横线在中室折角，中横线在中室向内折角与内横线相遇、然后向外弯，中室端1黑点，外横线起点与中横线起点靠近、成不规则齿状，亚端线1列黑点，缘毛黄或黑色，前翅中线有时退化；后翅淡橙红色。

习性：北京灯下8月可见，幼虫取食地衣。

分布：中国北京、河南、辽宁、吉林、黑龙江、江苏、浙江、江西、福建、湖南、湖北、广东、四川、陕西、安徽、海南、台湾，日本，朝鲜。

1.成虫背面　2.成虫腹面

2013年8月　北京怀柔

17　硃美苔蛾　*Miltochrista pulchra* Butler

形态：成虫翅展23～36毫米。体红色；前翅翅脉为黄带，内横线、中横线底色黄，其上由黑点组成，中横线较直，前缘基部黑色，基点、亚基点黑色，外横线由黑点组成、黑点向外延伸成黑带；后翅色稍淡；前、后翅缘毛黄色。雄蛾外生殖器抱器内突短、为抱器瓣的1/2长，钩形突细长。

习性：幼虫为害茶树。

分布：中国北京、辽宁、吉林、黑龙江、山东、浙江、福建、四川、云南，朝鲜，日本。

1.成虫背面　2.成虫腹面

2013年7月　北京怀柔

18　优美苔蛾　*Miltochrista striata* (Bremer et Grey)

形态： 翅展雄28～45毫米，雌37～52毫米。头、胸黄色，颈板及翅基片黄色红边；前翅底色雄蛾红色、雌蛾多为黄色，后翅底色雄蛾淡红、雌蛾黄或红色；前翅亚基点、基点黑色，内横线由黑灰色点连成，中横线上的黑灰色点、不相连，外横线黑灰色、较粗、在中室上角外方分叉至顶角；前、后翅缘毛黄色。

习性： 北京5～7月灯下可见成虫，为害地衣、大豆。

分布： 中国北京、河北、陕西、甘肃、吉林、山东、江苏、浙江、江西、福建、湖北、湖南、广东、广西、海南、四川、云南、台湾，日本。

1.成虫背面　2.成虫腹面

2014年7月　北京平谷

19　斑灯蛾　*Pericallia matronula* (Linnaeus)

形态： 成虫翅展雄62～80毫米，雌76～92毫米。成虫头黑褐色，触角黑色、基节红色，额上部、复眼上方及颈板的边缘有红纹；颈板及翅基片黑褐色，外侧具黄带；胸部红色，中间具黑褐色宽纵带；足黑褐色，基节外缘、腿节上方、后足胫节的条带及跗节的斑点红色；腹部红色，背侧面各有黑点1列，腹面有1列黑褐斑带，中间断裂。前翅暗褐色，中室基部内及下方有黄斑1块，前缘区的内横线黄斑有时与基横线相连，中横线黄斑有时扩展至中室内，外横线黄斑扩展至M_2脉上；后翅橙黄色，中横线处具不规则黑色波状斑纹，有时减缩为点，横脉纹黑色新月形，亚端带黑色，有时相连，有时断裂。

习性： 北京1年发生1代。6～7月为成虫发生期。成虫具趋光性。为害柳、车前、蒲公英、忍冬。

分布： 中国北京、河北、黑龙江、吉林、辽宁、内蒙古、宁夏、山西，日本，以及欧洲。

1.成虫背面　2.成虫腹面

2013年7月　北京延庆

20 亚麻篱灯蛾 *Phragmatobia fuliginosa* (Linnaeus)

形态：成虫翅展30～40毫米。头、胸暗红褐色，触角干白色，腹部背面红色，背面和侧面各具1列黑点，腹面褐色。前翅红褐色，中室端两黑点。后翅红色，散布暗褐色，中室端2黑点，亚端带黑色，有的个体断裂成点状，缘毛红色。幼虫暗灰或褐色，刚毛褐色、红色或赭色，头部黑色。

习性：主要为害亚麻、蒲公英及酸模属植物等。

分布：中国北京、河北、黑龙江、吉林、辽宁、内蒙古、甘肃、青海、新疆、河北，日本，加拿大，美国，西亚各国，以及欧洲。

1.成虫背面　2.成虫腹面

2014年6月　北京怀柔

21 肖浑黄灯蛾 *Rhyparioides amurensis* (Bremer)

别名： 污白灯蛾。

形态： 雄成虫翅展43～56毫米。体深黄色，下唇须上方黑色，下方红色，额黑色，触角暗褐色，足褐色、腿节上方红色，腹部橙红色至红色、背面及侧面具有1列黑点；前翅前缘具黑边，中线在前缘处有2～3个黑点，在后缘处有1～2个黑点，中室下角1黑点；后翅红色，中室中部下方有1黑点，横纹脉为新月形黑纹，亚端点黑色、位于翅顶下方、Cu_2脉及A脉上，缘毛黄色；前翅反面红色，中室内具黑点。

雌成虫翅展50～60毫米。前翅褐黄色，大部分黑点消失，被暗褐色所代替，内横线点褐色，中横线暗褐色、在中室下方折角，横脉纹有1褐点，在中室下角处与1大块暗褐斑相连，外线褐色，在中间折角，亚端点暗褐色，不甚清晰，外缘染暗褐色；后翅红色，具有黑色中带，斑纹较雄成虫的大。

习性： 主要为害栎、柳、榆、蒲公英、染料木。

分布： 中国北京、河北、黑龙江、吉林、辽宁、山西、陕西、江苏、浙江、内蒙古、河南、山东、福建、江西、湖南、湖北、广西、四川、云南，日本，朝鲜。

1.雌成虫背面　2.雌成虫腹面
3.雄成虫背面　4.雄成虫腹面

1、2.2013年7月　北京怀柔
3、4.2014年7月　北京怀柔

净污灯蛾 *Spilarctia alba* (Bremer et Grey)

别名：净雪灯蛾。

形态：成虫翅展雄48～52毫米，雌62～77毫米。白色，下唇须上方、额两侧及触角黑色，下唇须下方白色，肩角具黑点，肩角及翅基片反面具红带；足白色具黑带，前足基节红色具黑点，腿节上方红色，腹部背面深红色，中间几节的背面以及侧面、亚侧面具黑点。前翅基部具黑点，前缘基部有黑边，中室下角外方有1黑点，M₂脉上方具1黑色短纹，有时有中线点位于A脉上方。后翅横脉纹具1黑点，有时5脉上方及臀角上方具黑色亚端点。雄成虫外生殖器瓣宽而长，端部1/3处突起，瓣端部斜尖。

习性：主要为害甜菜、桑、薄荷、蒲公英、蓼等。

分布：中国北京、河北、吉林、陕西、山西、河南、浙江、江西、福建、湖北、湖南、广西、四川、贵州、云南，朝鲜。

1.成虫背面　2.成虫腹面

2014年7月　北京怀柔

23 　　污灯蛾　　*Spilarctia lutea* (Hufnagel)

别名：污白灯蛾。

形态：成虫翅展31～40毫米。雄蛾黄白色至黄色；下唇须上方黑色，下方红色；触角及额两侧黑色；足有黑带，腿节上方橘黄色；腹部背面除基部及端部外橘黄色，腹面浅黄色，背面、侧面及亚侧面有一系列黑点；前翅内横线黑点位于前缘上，A脉上方通常有1黑点，中室上角1黑点，其上方有1黑点或短纹位于前缘脉上；后翅色稍淡，横纹脉具黑点，M_2脉及臀角上方有时有黑色亚端点。雌蛾为黄白色。

习性：以蛹越冬。主要为害酸模属、车前属及薄荷属植物。

分布：中国北京、河北、黑龙江、吉林、辽宁、内蒙古、新疆、陕西，日本，朝鲜及欧洲。

1. 成虫背面　2. 成虫腹面

2014年6月　北京延庆

24 　　强污灯蛾　　*Spilarctia robusta* (Leech)

形态：成虫翅展雄52～64毫米，雌62～74毫米。体乳白色。下唇须基部红色，顶端黑色；触角黑色；腹部背面红色，背面、侧面及亚侧面有黑点列；雄蛾肩角与翅基片具黑点。前翅中室上角有1黑点，2A脉中部的上、下方各具1黑点，黑色亚端点有时存在；后翅中室端有1黑点，亚端点黑色或多或少存在。

分布：北京、陕西、山东、江苏、浙江、福建、江西、湖南、广东、四川。

1. 成虫背面
2. 成虫腹面　3. 足

2014年7月　北京顺义

25　连星污灯蛾　*Spilarctia seriatopunctata* (Motschulsky)

形态：成虫翅展42～54毫米。体浅黄色。下唇须基部红色，顶端黑色；额与触角黑色；前足基节红色具黑斑，腿节上方红色，胫节与跗节有黑带；腹部背面除基部与端部外红色，背面、侧面及亚侧面有1列黑点。前翅脉间染褐色，前缘基部1黑带向内线点扩展，中室上角有1黑点，翅顶至后缘中部外有1列黑点或短纹，后缘上方的黑点则常较大，黑色亚端点位于Cu_1脉与M_2脉间，有时缺，臀角上方的亚端点则常存在。后翅后缘区常染红色，中室端点黑色，亚端点或多或少，位于臀角上方及M_2脉上方。前翅反面中域常染红色，亚中褶处染黑色，横脉纹黑色新月形，前缘下方有1黑色外线点。

习性：主要为害苹果、桑及蔬菜。

分布：中国北京、河北、黑龙江、吉林、陕西、江西、福建、四川，日本，朝鲜。

1.成虫背面　2.成虫腹面

2013年8月　北京怀柔

26　人纹污灯蛾　*Spilarctia subcarnea* (Walker)

别名：红腹白灯蛾、人字纹灯蛾。

形态：成虫翅展雄40～46毫米，雌42～52毫米。雄蛾头、胸黄白色；触角锯齿形、黑色；足黄白色，前足基节侧面和腿节上方红色；腹部背面除基节与端节外红色，腹面黄白色，背面、侧面及亚侧面各有1列黑点；前翅黄白色染肉色，通常在1脉上方有1黑色内横线点，中室上角通常具1黑点，从Cu_1脉到后缘有1斜列黑色外横线点，有时减少至1个黑点，位于A脉上方，翅顶3个黑点有时同时存在；后翅红色，缘毛白色，或后翅白色，后缘区染红色或无红色。雌蛾翅黄白色，无红色，前翅有时有黑点，后翅有时有黑色亚端点。有的雌雄两性前、后翅全为乳黄色，无任何斑点，尤以雌性为多。

习性：1年发生2～6代。以蛹越冬，北方第一代成虫5月羽化，第二代成虫7～8月羽化。主要为害桑、木槿及十字花科蔬菜、豆类、绿肥。

分布：中国北京、河北、天津、内蒙古、辽宁、吉林、黑龙江、陕西、山东、安徽、江苏、浙江、湖北、湖南、广东、海南、贵州、四川、云南、台湾，朝鲜，日本，菲律宾。

1.成虫背面　2.成虫腹面

2013年8月　北京密云

27 黄星雪灯蛾 *Spilosoma lubricipedum* (Linnaeus)

别名：星白雪灯蛾、星白灯蛾。

形态：成虫翅展33～46毫米。体白色。下唇须、触角暗褐色；足具黑纹，腿节上方黄色；腹部背面除基节和端节外黄色，背面、侧面和亚侧面各有1列黑点。前翅黑点或多或少，黑点数目个体变异极大；前缘下方具有基点及亚基点；内横线点和中横线点在中脉处折角；中室上角1黑点，其上方1黑点位于前缘处；外横线点在中室外向外弯，从翅顶至5脉有1斜列点，短的亚端点自Cu_1脉至M_2脉，M_2脉上方和Cu_2脉下方有时有端点。后翅通常有横脉纹黑点，有时具亚端点位于翅顶下方、M_2脉上方及Cu_2脉下方。

习性：主要为害甜菜、桑、薄荷、蒲公英、蓼等。

分布：中国北京、河北、黑龙江、吉林、山西、陕西、江苏、湖北、湖南、广西、四川、贵州、云南，日本、朝鲜及欧洲。

1.成虫背面　2.成虫腹面

2014年6月　北京延庆

28 红星雪灯蛾 *Spilosoma punctarium* (Stoll)

形态：成虫翅展31～44毫米。体白色。下唇须、触角暗褐色；足具黑纹，腿节上方红色；腹部背面除基节和端节外红色，背面、侧面和亚侧面各有1列黑点。前翅黑点或多或少，黑点数目个体变异极大；前缘下方具有基点及亚基点；内横线点和中横线点在中脉处折角；中室上角1黑点，其上方1黑点位于前缘处；外横线点在中室外向外弯，从翅顶至M_2脉有1斜列点。后翅通常有横脉纹黑点，有时具亚端点位于翅顶下方、M_2脉上方及Cu_2脉下方。

分布：中国北京、河北、黑龙江、吉林、辽宁、陕西、江苏、安徽、浙江、江西、湖北、湖南、四川、贵州、云南、台湾，日本及西伯利亚。

1.成虫背面　2.成虫腹面

2014年6月　北京延庆

29 　黄痣苔蛾　*Stigmatophora flava* (Bremer et Grey)

形态：翅展26～34毫米。体黄色；头、颈板和翅基片色稍深；前翅前缘区橙黄色，前缘基部黑边，亚基点黑色，内横线处斜置3个黑点，外横线处6～7个黑点，亚端线的黑点数目或多或少；前翅反面中央或多或少散布暗褐色，或者无暗褐色斑点。

分布：中国北京、河北、黑龙江、吉林、辽宁、山西、山东、陕西、新疆、江苏、浙江、福建、江西、湖北、湖南、广东、四川、贵州、云南，日本，朝鲜。

1.成虫背面　2.成虫腹面

2014年7月　北京怀柔

30 　明痣苔蛾　*Stigmatophora micans* (Bremer et Grey)

形态：成虫翅展32～42毫米。体白色，头、颈板、腹部染橙黄色。前翅前缘和端线区橙黄，前缘基部黑边，亚基点黑色，内横线斜置3个黑点，外横线1列黑点，亚端线1列黑点；前翅反面中央散布黑色斑点。后翅端线区橙黄色，翅顶下方有2黑色亚端点，有时Cu_2脉下方具有2黑点。

习性：北京7月灯下可见成虫。

分布：中国北京、河北、辽宁、吉林、黑龙江、内蒙古、河南、山西、山东、陕西、江苏、甘肃、四川、湖北，朝鲜。

1.成虫背面　2.成虫腹面

2013年8月　北京怀柔

31 玫痣苔蛾 *Stigmatophora rhodophila* (Walker)

形态：翅展22～28毫米。体黄色、染红色。前翅基部在前缘和中脉上具黑点，前翅基部内横线前方5个暗褐短带，内横线斜线在前缘下方折角，不达后缘，中横线稍成波浪形，中室末端具暗褐纹，外横线为1列暗褐带位于翅脉间、在前缘下方向外弯、在M_2脉下方向内弯，前缘和端区色较深。

习性：北京6～9月灯下可见成虫，为害牛毛毡。

分布：中国北京、河北、吉林、黑龙江、山西、山东、江苏、浙江、湖南、湖北、四川、陕西、河南、江西、福建、广西、云南，日本，朝鲜，俄罗斯。

1. 成虫背面　2. 成虫腹面

2013年9月　北京怀柔

32 橙颚苔蛾 *Strysopha aurantiaca* Fang

形态：翅展38～44毫米。头、触角及胸橙黄色，下唇须顶端黑褐色，足基节与腿节内侧橙黄色，腿节外侧及胫节、跗节黑褐色；腹部橙黄色，背面基半部色稍浅；翅橙黄色，前翅反面除前缘、外缘及后缘外染黑褐色；后翅反面前缘区端半部染黑褐色。雄性外生殖器有颚形突，爪形突窄长，抱器腹端部稍弯，阳茎较短宽，有3个角状器，上方的一个大，不规则形。

分布：北京、云南、四川。

1. 成虫背面　2. 成虫腹面

2013年7月　北京密云

1 野蚕 *Bombyx mandarina* Moore

形态：成虫翅展32～45毫米。体翅暗褐色。前翅的外缘顶角下方向内凹陷；内横线及外横线色稍浓，棕褐色，各由两条线组成；亚端线棕褐色较细，下方微向内倾斜，顶角下方至外缘中部有较大的深棕色斑。后翅色略深；中部有较深色横带；后缘中央有1新月形棕黑色斑，外围白色。雄蛾比雌蛾色深，虫体各线及斑均较明显，中室有肾纹。

习性：北京1年发生2代，成虫6～9月出现，以卵在寄主的老皮及枝杈处过冬。寄主主要为桑。

分布：中国北京、河北、辽宁、吉林、黑龙江、陕西、甘肃、内蒙古、山西、河南、山东、江苏、安徽、浙江、江西、湖北、湖南、四川、广东、广西、云南、西藏、台湾，朝鲜，日本。

1.成虫背面　2.成虫腹面

2013年8月　北京平谷

2 黄波花蚕蛾 *Oberthüria caeca* Oberthür

形态：成虫翅展38～41毫米。体翅黄色。触角灰黄色，背面白色，栉状、身体腹部暗黄色，各节间色较深。前翅顶角外伸呈钩状，顶角下方向内凹陷，并有一个圆形深色斑；内线及中线棕褐色波状；外线较直，近前缘向基部方向弯曲；中室有褐色圆点一个。后翅前半黄色，后半橙黄，有两条棕褐色波状横线；外缘Cu_2脉端处外突，与前后角呈三角形，后缘有棕灰色斑点，缘毛皱褶。

习性：北京5、7月灯下可见成虫。为害栎树鸡爪枫及桑科植物。

分布：中国北京、黑龙江、辽宁、陕西、甘肃、福建、四川、云南，俄罗斯。

1.成虫背面　2.成虫腹面

2014年5月　北京怀柔

1 黄褐笋纹蛾 *Brahmaea certhia* (Fabricius)

形态： 成虫翅展101～106毫米。体棕褐色，头顶及胸部棕色褐边，腹部背面棕色。前翅中横带由10个长卵形横纹组成，中横带内侧为7条波浪纹，褐色间棕色，翅基菱形，棕底褐边，中横带外侧为6条笋筐编织纹，浅褐间棕色，翅顶淡褐色有4条灰白间断的线点，外缘浅褐色，有1列半球形灰褐色斑。后翅中横线白色，中横线内侧棕色，外侧有8条笋筐纹，外缘褐间黑色。头部及胸部棕色褐边，腹部背面棕色。

习性： 寄主为女贞、丁香、桦树。

分布： 北京、河北、天津、内蒙古、黑龙江、浙江、湖北、湖南。

1.成虫背面　2.成虫腹面

2013年8月　北京怀柔

1 小线角木蠹蛾 *Holcocerus insularis* (Staudinger)

别名: 小木蠹蛾、小褐木蠹蛾。

形态: 成虫翅展35～45毫米。体翅灰褐色,触角线状。前翅密布黑褐色弯曲的线纹,中室前缘一带颜色较深,亚外缘线黑色,明显,外缘具一些褐纹与缘毛上的褐斑相连。

习性: 北京6～8月灯下可见成虫。幼虫钻蛀多种树木,包括苹果、梨、山楂、海棠、银杏、白玉兰、丁香、樱花、榆叶梅、紫薇、白蜡、香椿、黄刺玫、五角枫、栾树等。

分布: 中国北京、陕西、宁夏、内蒙古、黑龙江、吉林、辽宁、天津、河北、山东、江苏、上海、安徽、江西、福建、湖南,日本,俄罗斯。

1.成虫背面　2.成虫腹面

2013年7月　北京顺义

2 榆木蠹蛾 *Holcocerus vicarious* (Walker)

别名: 柳蠹蛾、柳干蠹蛾。

形态: 成虫体长23～40毫米,翅展46～86毫米。体暗灰褐色,触角线形,稍扁。前翅基部灰褐色,有不完整的波曲黑横纹,外区有1不规则弯曲横线,亚端区有1黑色横线,其中段稍直。后翅色较匀,有不明显的暗褐色横纹。

习性: 2～3年发生1代,成虫5～9月可见。蛀食多种阔叶树干,如杨、柳、榆、丁香、刺槐等。

分布: 中国北京、河北、天津、陕西、甘肃、宁夏、内蒙古、辽宁、吉林、黑龙江、山东、山西、河南、江苏、上海、安徽、四川、台湾,朝鲜,日本,俄罗斯,越南。

1.成虫背面　2.成虫腹面

2013年8月　北京怀柔

3 芦笋木蠹蛾 *Isoceras sibirica* (Alpheraky)

别名： 石刁柏蠹蛾。

形态： 成虫翅展36～43毫米。体银白色略带黄褐，头顶具褐色竖立毛丛，胸部及领片粗厚。前翅淡黄褐色，前缘白色，中室下方及端部褐色，或呈成排的褐色短条。

习性： 北京5、6月可见成虫。幼虫钻蛀芦笋的地下部分。

分布： 北京、河北、甘肃、内蒙古、辽宁、吉林、黑龙江、山西、山东、江苏。

1.成虫背面　2.成虫腹面

2014年5月　北京怀柔

4 多斑豹蠹蛾 *Zeuzera multistrigata* Moore

别名： 木麻黄豹蠹蛾。

形态： 成虫翅展41～68毫米。体白色，具黑或蓝黑斑；触角雌蛾丝状，雄蛾基半部双栉齿状；胸背具6个黑斑点，第一腹节背面具左右1对黑斑，不相连；其余腹背具1黑横带；前翅具许多闪蓝光的黑斑点。

习性： 北京7、8月灯下可见成虫。其寄主为多种阔叶树，如核桃、枣、山楂、杨等。

分布： 中国北京、陕西、辽宁、上海、浙江、江西、湖北、广西、四川、贵州、云南，日本，缅甸，印度，孟加拉国。

1.成虫背面　2.成虫腹面

2013年7月　北京延庆

1 果叶峰斑螟 *Acrobasis tokiella* (Rügonot)

形态： 成虫翅展20～24毫米。头部灰褐黑色；触角灰褐黑色有微毛；下唇须灰褐黑色，末节灰色向上弯，末端尖锐；下颚须细小，白色；胸部及腹部背面黑褐色；前翅底色灰白，基部灰白，内横线较宽，黑褐色，外横线黑褐色窄狭，外缘有窄黄褐色线，中室有两个黑斑，缘毛淡褐；后翅暗灰褐色，无斑纹。

习性： 幼虫为害梨、苹果、梅，取食叶片。

分布： 中国北京、黑龙江，朝鲜，日本。

1.成虫背面 2.成虫腹面

2013年8月 北京平谷

2 二点织螟 *Aphomia zelleri* (de Joannis)

形态： 成虫翅展雄18～19毫米，雌29～31毫米。雌蛾头胸紫灰褐色，腹部灰褐色；前翅红灰褐色，前缘及翅脉暗褐色，中室中央与末端各有1圆暗褐色斑，缘毛灰褐，靠近基部有暗褐色线；后翅白色有绢丝般闪光，外缘略带褐色。雄蛾前翅红褐色，色泽比雌蛾鲜明，中室末端及中央各有1细斑点；后翅白色。

习性： 幼虫为害储藏粮食、谷物及杂草。

分布： 中国北京、河北、四川、广东，朝鲜，日本，斯里兰卡，英国。

1.成虫背面 2.成虫腹面

2014年7月 北京怀柔

3 栗色梢斑螟 *Dioryctria castanea* Bradley

形态： 成虫翅展 23 ~ 27 毫米。头暗红褐色，雄虫触角基部具扩大的鳞毛簇。胸部暗红褐色。前翅底色暗红褐色，散布灰色鳞片；内横线淡，灰色，向外倾斜，微波状成角；沿 Cu 脉具灰色条纹，止于灰色中室端脉半月斑；外横线具 2 个内弯和 1 个外弯的钝角，线后部 1/2 处具灰色鳞片；亚缘线具灰色鳞；外缘线暗褐色；缘毛深褐色，顶部灰色。后翅暗褐色，缘毛浅黄色。

本种与果梢斑螟（*D. pryeri*）和芽梢斑螟（*D. yiai*）外形很相似，但本种前翅上部的底色暗红褐色，内横线淡，灰色，向外倾斜，微波状成角；雄性外生殖器的抱器背较窄而骨化较弱；雌性外生殖器的囊导管左右纵折不对称，一个宽一个窄。

习性： 其寄主为岛松（*Pinus insularis*）、卡西亚松（*P. kesiya*）。

分布： 中国北京、天津、河北、吉林、浙江、安徽、江西、湖北、贵州、陕西、印度。

1. 成虫背面　2. 成虫腹面

2013 年 8 月　北京怀柔

4 水稻毛拟斑螟 *Emmalocera gensanalis* South

别名： 水稻多拟斑螟。

形态： 成虫翅展 22 ~ 25 毫米。上唇须前伸、长；体及前翅黄褐色，前缘具 1 较直的白色纵条纹；后翅白色。有些个体前翅赭色充满玫瑰红，后翅淡白有暗褐色边缘，翅反面暗褐色，后翅略浅。

习性： 幼虫为害水稻、稗。

分布： 中国北京、河北、江苏、江西、贵州、云南、福建、河南、四川、朝鲜、日本。

1. 成虫背面（白色纵纹）　2. 成虫腹面　3. 成虫背面（玫瑰红色）

2014 年 7 月　北京怀柔

5　榄绿歧角螟　*Endotricha olivacealis* (Bremer)

形态：成虫翅展17～23毫米。体背黄色，具茄红色鳞片。前翅茄红色，前缘黑褐色具黄色斑点；中域具黄色宽带（或不显），伸达前缘；中室端斑黑褐色，月牙形；具亚外缘线和外缘线；缘毛黄色，但顶角处及中部黑褐色带茄红色。

习性：成虫具趋光性。北京5～9月可见成虫。

分布：中国北京、天津、河北、甘肃、陕西、河南、山东、安徽、浙江、福建、江西、台湾、湖北、湖南、广东、广西、海南、四川、贵州、云南、西藏，日本，朝鲜，俄罗斯，缅甸，尼泊尔，印度，印度尼西亚。

1. 成虫背面　2. 成虫腹面

2014年7月　北京怀柔

6　齿纹丛螟　*Epilepia dentata* (Matsumura et Shibuya)

形态：成虫翅展24～28毫米。头部灰褐色或黄褐色，混有少量灰白色鳞片。雄蛾的下颚须长刷状，基部1/4棕黄色，端部3/4淡黄色；雌蛾下颚须短小，灰白色，略前伸。触角黄褐色或黑褐色，雄蛾内侧有白色纤毛。前翅基部和中部浅灰色，散布褐色及少量土黄色鳞片，或者黄褐色，散布黑色及灰白色鳞片，还有少量亮蓝色鳞片；端部浅黄褐色或棕黄色，散布黑色鳞片；基部近前缘处有1黑斑；内横线褐色或黑色，从后缘斜至翅中部，止于1簇黑色或褐色的竖鳞；外横线颜色与内横线相似，较宽，折线状；中室基斑和中室端斑黑色，各有1束黑色竖鳞；端线淡黄色，沿端线均匀地排列有褐色或黑色的长方形斑，其间沿翅脉方向淡黄色。

分布：中国北京、天津、河北、河南、浙江、湖北、湖南、广西、四川、贵州、台湾，日本，朝鲜。

1. 成虫背面　2. 成虫腹面

2014年7月　北京怀柔

7　灰直纹螟　*Orthopygia glaucinalis* (Linnaeus)

别名：灰双纹螟。

形态：成虫翅展21～22毫米。头、胸及前翅橄榄灰色；前翅前缘及翅基部有紫色及黄白色横线；后翅灰褐色，有两条白色横线。

习性：幼虫为害牲畜干饲料。

分布：中国北京、辽宁、吉林、黑龙江、江苏、湖北、广东，朝鲜，日本及欧洲。

1.成虫背面　2.成虫腹面

2013年8月　北京怀柔

8　艳双点螟　*Orybina regalis* Leech

形态：成虫翅展约25毫米。体火红色。前翅沿前缘及翅基部稍偏朱红色，外域各有1个大型黑边柠檬黄色斑，斑点外缘有锯齿，斑点下侧有1条伸向翅内缘的红线。后翅有1条不甚明显的横线。

分布：中国北京、浙江、江西、四川、云南，朝鲜。

1.成虫背面　2.成虫腹面

2013年7月　北京怀柔

9　紫斑谷螟　*Pyralis farinalis* Linnaeus

形态：成虫翅展雄约17毫米，雌约25毫米。头及胸部浓褐色，腹部第一至二节紫黑，其余各节茶褐色。前、后翅宽大，前翅近基部及外缘各有1白色波纹横线；内横线及外横线赤褐至黑褐色，两条横线之间褐黄色；后翅淡黑色，有2条白色横纹；双翅外缘有黑紫色斑。

习性：幼虫为害禾谷类、面粉、干果、饼干、糠麸、稻草、茶叶、腐败食物。

分布：中国北京、河北、山东、陕西、江苏、浙江、湖南、四川、台湾、广东、广西及世界各地。

1.成虫背面　2.成虫腹面

2014年6月　北京怀柔

10　金黄螟　*Pyralis regalis* Schiffermüller et Denis

形态：成虫体长约8毫米，翅展约22毫米。前翅中央金黄，翅基部及外缘紫色，有两条浅色横线；后翅紫红色，有两条狭窄的横线。

分布：中国北京、河北、黑龙江、吉林、广东、台湾，朝鲜，日本，俄罗斯。

1.成虫背面　2.成虫腹面

2013年7月　北京怀柔

11 基红阴翅斑螟 *Sciota hostilis* Stephens

形态：成虫翅展18～25毫米。头顶灰白色或灰褐色，后头鳞片形成1光滑的毛窝；触角灰白色到淡褐色；胸部灰白色到灰褐色，混有少量浅黄色。前翅顶角钝，外缘圆弧形；底色灰褐色，基部淡黄色；内横线直，白色，内侧镶黑色宽边，外侧镶黑色细边；外横线锯齿状；中室端斑黑色，明显分离；外横线白色，内侧缘点较清晰，黑褐色。后翅半透明，颜色较前翅稍浅；缘毛白色。

分布：中国北京、河北、天津、湖北、宁夏、新疆以及欧洲。

1.成虫背面　2.成虫腹面

2013年7月　北京密云

12 缘斑缨须螟 *Stemmatophora valida* (Butler)

形态：成虫翅展21～25毫米。头、下唇须及触角淡黄色；胸、腹部背面淡赭褐色，腹部各节后缘有白色环。前翅赭褐色，中部前缘有1排黑、白相间的刻点；内、外横线淡黄色波状弯曲，外横线前缘有1黄色斑纹。后翅赭褐色；内、外横线淡黄色，内横线外侧及外横线内侧有暗褐色带；两翅的缘毛黄褐色。

分布：中国北京、河南、江苏、浙江、湖北、江西、湖南、福建、广东、海南、四川、云南、台湾，日本。

1.成虫背面　2.成虫腹面

2014年6月　北京怀柔

13 基黑纹丛螟 *Stericta kogii* Inoue et Sasaki

形态：成虫翅展18～22毫米。头部灰褐色，散布黑色及棕色鳞片。触角基部灰褐色，向端部颜色逐渐变淡，到端部1/4呈浅黄褐色；胸部与翅基片灰褐色，散布黑色和灰白色鳞片。前翅基部黑色，散布棕黄色和灰白色鳞片；中部白色，散布黄色鳞片，近端部黄色鳞片较多；端部黑褐色，散布棕黄色鳞片；内横线不明显；外横线灰白色，其内侧镶灰褐色边，该镶边在前缘处加宽成斑，在镶边内侧的后缘处有1个大的近三角形的灰褐色区域；中室基斑黑色，条纹状；近前缘2/5处有1灰褐色小斑；端线浅黄色，沿外缘线均匀地排列有黑褐色斑点。后翅灰褐色，向基部颜色逐渐变淡。

分布：中国北京、天津、河北、辽宁、河南、浙江、福建、湖北、广西、海南、贵州、甘肃，日本，俄罗斯。

1.成虫背面　2.成虫腹面

2014年7月　北京怀柔

14 阿米网丛螟 *Teliphasa amica* (Butler)

形态：成虫翅展36～40毫米。前翅基部黑褐色，中域白色或黄绿色，混杂黑褐色鳞片，中室基斑和端斑黑色，翅端棕黄色；前端1/3密被黑鳞，后端2/3散布黑鳞；外横线黑色，于中部弯成1大角，随后锯齿状内斜。

习性：北京8月灯下可见成虫。

分布：中国北京、天津、河南、浙江、江西、福建、台湾、湖北、四川、云南，日本。

1.成虫背面　2.成虫腹面

2014年7月　北京怀柔

15 双线棘丛螟 *Termioptycha bilineata* (Wileman)

形态： 成虫翅展20～25毫米，体背红褐色。前翅浅红褐色，横线黑色；内横线斜伸向后侧缘，稍呈弧形，不达前缘，前缘的外侧具黑斑；外横线在中部明显外凸，有时在线外侧具大片暗褐区；下唇须大，上伸，远过于头顶，末节棒形。雄蛾粗大，雌蛾稍细小。

习性： 幼虫缀叶，取食火炬树、黄栌。北京1年2代。成虫5～7月可见，具趋光性。

分布： 中国北京、河北、湖北、四川，日本。

1.成虫背面　2.成虫腹面

2014年7月　北京怀柔

1 白桦角须野螟 *Agrotera nemoralis* (Scopoli)

形态：成虫翅展约28毫米。前翅淡黄色稍带紫色，基部有淡黄色及橙色网纹；外横线暗褐色波纹状，外侧黄色；缘毛白色与黑褐色交替。后翅淡黄带暗褐色，有两条暗色线。

习性：幼虫为害白桦、鹅耳枥。

分布：中国北京、黑龙江、山东、江苏、浙江、福建、台湾、广西，朝鲜，日本，英国，西班牙，意大利，俄罗斯。

1. 成虫背面　2. 成虫腹面

2014年7月　北京怀柔

2 黄翅缀叶野螟 *Botyodes diniasalis* (Walker)

别名：杨卷叶螟、杨黄卷叶螟。

形态：成虫翅展约30毫米。体鲜黄色，下唇须褐黄，雄蛾腹部末端有黑毛束。前翅中室中部有1褐色肾形斑，下侧有1斜线；内横线、外横线褐色，弯曲如波纹；亚缘线浅红褐色。后翅褐黄，中室内有肾形斑，外横线波纹状。

习性：北京7～10月可见成虫。幼虫卷叶为害，为害白杨。

分布：中国北京、河北、陕西、宁夏、黑龙江、辽宁、吉林、河北、河南、山东、江苏、浙江、四川、云南、湖北、福建、台湾，朝鲜，日本，缅甸，印度。

1. 成虫背面　2. 成虫腹面
3. 成虫背面(静止状)
4. 成虫腹面(静止状)

2013年9月
北京怀柔、顺义

3　稻暗野螟　*Bradina admixtalis* (Walker)

别名：稻卷叶螟、稻暗水螟。

形态：成虫翅展约24毫米。头、胸紫褐色，腹部灰黄褐色，各节后缘白色；下唇须黑褐，基部白色；翅黄褐色。前翅前缘暗褐色，中室末端有深褐色点，外横线及外缘线褐色；后翅中室有1暗褐色斑，外横线及外缘线暗褐色。

习性：幼虫卷叶为害水稻。

分布：中国北京、江苏、浙江、湖南、云南、广东、台湾，日本，斯里兰卡，印度，缅甸。

1. 成虫背面　2. 成虫腹面

2013年7月　北京密云

4　蔗茎禾草螟　*Chilo sacchariphagus tramineelus* (Caradja)

别名：条螟。

形态：成虫翅展25～32毫米。体翅灰褐色，头部具长而前伸的小唇须；前翅脉间具褐色条纹，中室后角具1黑点；后翅白色。

习性：北京6、7月可见成虫。幼虫取食高粱、甘蔗等。

分布：中国北京、河北、河南、江苏、湖北、福建、台湾、广东，日本，越南，菲律宾及南亚。

1. 成虫背面　2. 成虫腹面

2014年6月　北京顺义

5 横脉镰翅野螟 *Circobotys heterogenalis* (Bremer)

形态：成虫翅展19～26毫米。体背及翅橙黄色至黄褐色，腹节后缘具白环；雄性前翅较尖。前翅外缘稍褐，内横线稍波形，外横线前大部锯齿形，后向内直伸再折向后缘，中室及末端各有1褐斑。后翅具外横线，其外褐色。

习性：北京4、7月灯下可见成虫。幼虫寄主为竹。

分布：中国北京、河北、山西、河南、山东、江苏、江西、福建、湖南、贵州，日本，朝鲜，俄罗斯。

1.成虫背面　2.成虫腹面

2013年8月　北京怀柔

6 桃蛀螟 *Conogethes punciferalis* (Guenée)

别名：桃多斑野螟。

形态：成虫翅展约22～25毫米。触角淡黄褐色；下唇须粗大，向上弯曲；胸腹背面各节均有1～3个黑褐色斑点；前、后翅黄色，缘毛褐色。前翅基部、内横线、中横线、外横线、亚外缘线及中室端部均有黑点，共23～26个。后翅上有黑约15个。

习性：南方1年发生4代，北方2代。于树皮下或向日葵花盘内以幼虫越冬。幼虫钻进果肉内蛀食，有转移为害现象。为害桃、苹果、梨、柑橘、杏、李、梅、樱桃、柿、山楂、枇杷、荔枝、龙眼、无花果、芒果、石榴等果实，还可为害栗叶片、向日葵花盘种粒和马尾松针叶等。

分布：中国北京、河北、辽宁、河南、山东、山西、陕西、湖南、湖北、江西、安徽、江苏、浙江、福建、广东、四川、云南、台湾，日本，朝鲜，印度，以及大洋洲。

1.成虫背面　2.成虫腹面

2013年　北京怀柔

7 银光草螟 *Crambus perlellus* (Scopoli)

形态：成虫翅展21～28毫米。头部银白，下唇须基部褐色，下颚须银白，胸部白色，腹部灰白。前翅银白，有珍珠般银白色光泽，没有斑纹。后翅银白无条纹，其间有浅褐色；前、后翅缘毛白色。

习性：幼虫为害银针草。

分布：中国北京、黑龙江、山西，日本，英国，意大利，西班牙，以及北非。

1.成虫背面　2.成虫腹面

2013年7月　北京怀柔

8 黄绒野螟 *Crocidophora auratalis* (Warren)

形态：成虫翅展19～23毫米。头部黄色，额两侧有乳白色纵条纹，触角黄褐色；雌蛾翅黄色，雄蛾翅浅黄褐色，斑纹黑褐色；缘毛基半部黑褐色，端半部白色。前翅内横线从前缘1/4处呈圆弧状伸达后缘1/3处；中室端斑直；外横线圆弧形，从前缘3/4处伸达后缘2/3处。后翅外横线与前翅相似，前半部稍直。

分布：中国北京、河北、天津、河南、广东、贵州，日本。

1.成虫背面　2.成虫腹面

2013年8月　北京怀柔

9 　黄杨绢野螟　*Diaphania perspectalis* (Walker)

形态：成虫翅展32～48毫米。体白色，头部暗褐色，头顶触角间鳞毛白色；触角褐色；下唇须第一节白色，第二节下部白色，上部暗褐色，第三节暗褐色。胸部白褐色有棕色鳞片，腹部白褐色末端深褐。翅白色半透明有闪光；前翅前缘褐色；中室内有两个白点，一个细小，另一个弯曲呈新月形；外缘有1条褐色带，后缘也有1条褐色带。后翅外缘边缘黑褐色。

习性：江苏南通1年发生3代。以幼虫在寄主树枝梢上吐丝结茧越冬；成虫白天在树叶背面停留，傍晚活动，飞翔力弱，趋光性不强。幼虫为害黄杨木，取食叶片吐丝做巢缀叶。

分布：中国北京、陕西、江苏、浙江、湖北、湖南、广东、四川、西藏，朝鲜，日本，印度。

1.成虫背面　2.成虫腹面

2013年8月　北京平谷

10 　四斑绢野螟　*Diaphania quadrimaculalis* (Bremer et Grey)

形态：成虫体长约13毫米，翅展33～37毫米。头部淡黑褐色，两侧有白色细条；触角淡黑褐色；下唇须向上伸，下侧白色，其余黑褐色；胸腹部背面中央黑褐色，肩片及腹部两侧白色。前翅有4个白色闪光的斑块，中间两个大，近顶角的一个小，由小斑向后缘延伸出5个排列成弧形的小白点，其余翅面均黑褐色；臀角部分的缘毛白色。后翅仅外缘黑褐色，其余白色。

习性：北京地区1年1代，6～8月为幼虫期，成虫于7～8月出现，有趋光性。

分布：中国北京、河北、黑龙江、吉林、山东、湖北、福建、浙江、广东、四川、云南，朝鲜，日本，俄罗斯。

1.成虫背面　2.成虫腹面

2013年8月　北京怀柔

11 白纹翅野螟 *Diasemia litterata* (Scopoli)

形态： 成虫翅展16～19毫米。体茶褐色；下唇须基部下方白色；腹部各节具白环。前翅内横线白色，中室末端有1个斑点与1三角形黑边斑纹在中室与中室下侧相连，从翅前缘到肘脉有1白色外横线，于中脉附近向内弯成角，中脉上侧中间有1斑点，翅外缘有1排锯齿状深色斑，缘毛茶褐色，并有间断白色。后翅中室有1个白斑，另一白斑位于中室端脉以外，从中室端脉到翅内缘有1条色带；外横线从翅前缘伸到第Cu_2脉间在M_2脉附近向内弯曲；缘毛白色及暗褐色。

习性： 幼虫为害枪刀菜，取食叶片。

分布： 中国北京、黑龙江、江苏、浙江、台湾、广东、云南，日本，朝鲜，印度，斯里兰卡，以及欧洲。

1. 成虫背面　2. 成虫腹面

2014年7月　北京怀柔

12 黄拟纹翅野螟 *Diasemiopsis ramburialis* (Duponchel)

形态： 成虫翅展17～22毫米。额暗褐色。触角背面黄褐相间呈环状，腹面棕黄色；胸部背面中央暗褐色，周围白色或污白色掺杂褐色鳞片。翅暗褐色，散布许多黄色横条斑。前翅前缘有1系列黄色横条纹；内横线白色半透明，间杂褐色与黄色斑，向内倾斜；中室圆斑白色；外横线白色，间杂褐色与黄色斑。后翅近顶角处切入；基部和中部各有1条白色透明的宽横带；中部横带外侧另有1条较窄的白带。

分布： 中国北京、云南、西藏、台湾，印度，斯里兰卡，土耳其，以及欧洲南部和大洋洲。

1. 成虫背面　2. 成虫腹面

2014年6月　北京顺义

13 红纹细突野螟 *Ecpyrrhorrhoe rubiginalis* (Hübner)

形态：成虫翅展16～22毫米。头顶及胸背棕黄色；前、后翅黄色，具褐色斑纹。前翅外横线在前半呈半圆形，后内伸至"Z"字形达翅后缘；或前翅以褐色为主，间黄色斑纹。

习性：北京4、5月可见成虫于糖醋液诱盆或灯下。

分布：中国北京、陕西、新疆、内蒙古、天津、河南、广东，日本，伊朗，澳大利亚，以及西亚和欧洲。

1.成虫背面　2.成虫腹面

2013年8月　北京怀柔

14 旱柳原野螟 *Euclasta stoetzneri* (Caradja)

形态：成虫翅展26～38毫米。体灰白色；头部褐色，额区有3条白色纵条纹；胸部白褐色；触角背面白色，腹面褐色。前翅底色雪白，沿前缘到中室上侧棕褐色，1条雪白色宽带从翅基穿过中室伸到翅外缘，沿中室以下灰褐色。各翅翅脉纹深褐色，缘毛基部白色，端部褐色。后翅底色雪白，外缘靠近翅上角褐色。

习性：幼虫为害旱柳。

分布：北京、河北、黑龙江、内蒙古、河南、陕西、山西、湖北、四川。

1.成虫背面　2.成虫腹面

2013年8月　北京怀柔

15　赭翅叉环野螟　*Eumorphobotys obscuralis* (Caradja)

别名：赭翅双叉端环野螟。

形态：成虫翅展约32毫米。前翅及后翅均为暗烟赭色，缘毛淡黄，前翅中室有不明显的中室端脉斑。触角、下唇须黄色。胸部、腹部深烟赭色。

习性：幼虫为害竹，蛀食茎干。

分布：北京、江苏、浙江、安徽、福建、江西、四川。

1.成虫背面　2.成虫腹面

2014年8月　北京顺义

16　夏枯草线须野螟　*Eurrhypara hortulata* (Linnaeus)

形态：成虫翅展12～14毫米。头、胸褐黄色，翅白色。前翅前缘黑色，中室有两个卵圆形褐色斑，翅基部中室以下有1褐色圆斑及1褐色弓形斑，中室外缘有2排褐色椭圆斑。后翅沿外缘有2行褐色椭圆斑。

习性：以幼虫越冬。幼虫为害夏枯草，吐丝缀叶取食。

分布：中国北京、吉林、山西、江苏、广东、云南，以及欧洲。

1.成虫背面　2.成虫腹面

2013年7月　北京延庆

17　茴香薄翅螟　*Evergestis extimalis* (Scopoli)

形态：成虫翅展约28毫米。体黄褐色；头圆形倾斜，触角微毛状；下唇须向前平伸，第二节及第三节末端有褐色鳞；下颚须白色；胸、腹部背面浅黄色，腹面有白鳞。前翅淡黄色，沿翅外缘有1个暗褐色斑，翅后缘有宽边缘；后翅白色，稍带褐色，边缘有褐色曲线。

习性：幼虫吐丝卷叶取食心叶及嫩芽，结荚时食害豆荚。为害茴香、油菜、萝卜、白菜、甘蓝、荠菜、芥菜、甜菜。

分布：中国北京、黑龙江、吉林、辽宁、山东、江苏、陕西、四川、云南，朝鲜，美国，以及欧洲。

1.成虫背面　2.成虫腹面

2014年8月　北京怀柔

18　边薄翅螟 *　*Evergestis limbata* (Linnaeus)

形态：成虫翅展约23毫米。头部黄褐色，触角褐色掺杂黄色。前翅暗黄色，内横线黄褐色，几乎直；中室端斑方框状；外横线暗褐色；中室端到外横线的中央有1黄褐色方斑相连；外横线以外的翅端区密布暗褐色鳞片。后翅污白色，外横线褐色，外横线以外的区域暗褐色。

分布：中国北京和欧洲。

1.成虫背面　2.成虫腹面

2013年8月　北京平谷
*中国新记录种

19　桑绢丝野螟　*Glyphodes pyloalis* Walker

别名：桑螟。

形态：成虫翅展 21 ~ 24 毫米。体及翅白色有绢丝闪光，胸部背面中央暗褐色；前翅外缘、中央及翅基有棕褐色带，下端为白色中心有褐色点状圆孔；后翅外缘暗褐色。

习性：江苏、浙江及四川 1 年发生 4 ~ 5 代，台湾 1 年 10 代。老熟幼虫在树缝落叶及束草间吐丝结茧越冬。幼虫为害桑叶，吐丝重叠成卷叶食叶肉，只剩叶脉。

分布：中国北京、江苏、浙江、安徽、湖北、四川、贵州、广东、台湾等，日本，朝鲜，缅甸，印度，斯里兰卡。

1.成虫背面　2.成虫腹面

2014 年 7 月　北京怀柔

20　棉褐环野螟　*Haritalodes derogata* (Fabricius)

别名：棉大卷叶螟。

形态：成虫翅展约 30 毫米。头、胸白色略黄，胸部背面有黑褐色点 12 个列成 4 行；腹部白色，各节前缘有黄褐色带。前翅黄褐色，中室有黑色环纹，其下侧有黑条纹，中室另端有细长环纹，外横线黑褐，缘毛淡黄，末端黑色。后翅中室有细长环纹，向外伸出 1 黑褐色条纹，外横线黑褐色。

习性：华北 1 年 3 代，以老熟幼虫在未拔棉秸上、落叶杂草间越冬。幼虫为害棉花、苘麻、锦葵、木槿、芙蓉，吐丝卷叶食害叶片。

分布：中国北京、河北、河南、山西、山东、陕西、江苏、浙江、湖北、湖南、安徽、福建、广西、云南、四川、贵州，日本，朝鲜，斯里兰卡，以及非洲和大洋洲。

1.成虫背面　2.成虫腹面

2014 年 8 月　北京平谷

21　黑褐双纹螟　*Herculia japonica* (Warren)

形态：成虫翅展约24毫米。头部深褐色，触角淡褐色，下唇须向上斜伸；胸、腹部背面深黑色，腹面白褐色；前翅及后翅皆黑褐色并有两条黄色的横纹，缘毛黄色。

分布：中国北京、湖北、四川、广东，朝鲜，日本。

1.成虫背面　2.成虫腹面

2014年6月　北京怀柔

22　暗切叶野螟　*Herpetogramma fuscescens* (Warren)

形态：成虫翅展15～28毫米。额灰褐色或暗褐色，触角背面褐色，腹面淡黄色；身体背面褐色或暗褐色，腹面黄褐色；翅褐色或暗褐色，斑纹黑褐色。前翅内横线略向外弯曲；中室圆斑和中室端斑黑褐色，后者呈条状；外横线波状。后翅中室端斑条状，通常不清晰；外横线波状。

分布：中国北京、天津、河北、河南、安徽、湖北、四川、陕西、西藏、台湾，日本，印度。

1.成虫背面　2.成虫腹面

2013年8月　北京平谷

23　葡萄切叶野螟　*Herpetogramma luctuosalis* (Guenée)

别名：葡萄卷叶野螟、葡萄叶螟。

形态：成虫翅展约31毫米。体灰黑色；前翅灰黑褐色，基部有淡黄色纹，外侧淡黄色纹分成两枝；后翅灰黑褐色，中央有2个淡黄色纹。

习性：1年2～3代。以幼虫在落叶或树皮下越冬。幼虫为害葡萄，卷叶成圆筒隐匿其间食害。

分布：中国北京、河北、黑龙江、江苏、浙江、福建、陕西、云南、广东、台湾，日本，朝鲜，越南，尼泊尔，不丹，印度尼西亚，印度，斯里兰卡，以及欧洲南部和非洲东部。

1.成虫背面　2.成虫腹面

2014年6月　北京怀柔

24　狭翅切叶野螟　*Herpetogramma pseudomagna* Yamanaka

形态：成虫翅展24～32毫米。体褐色。前翅中室圆斑和中室端斑黑褐色，两斑之间淡黄色；外横线在中部向外突，上下部之外具黄色斑。后翅外横线弯曲，与前翅一样具黄色斑。足黄白色，前足胫节端及各分跗节黑褐色。

习性：北京7月灯下可见成虫。

分布：中国北京、甘肃、吉林、河南、浙江、福建、湖北、四川，日本。

1.成虫背面　2.成虫腹面

2013年8月　北京怀柔

25　甜菜白带野螟　*Hymenia recurvalis* (Fabricius)

别名：甜菜叶螟。

形态：成虫翅展24～26毫米。体棕褐色；头部白色，额有黑斑；触角黑褐色；胸、腹背面棕褐，腹面灰白色，前胸前端丛生褐色鳞毛。前翅棕褐，中央有一条波纹状白色斜带，靠近外缘有短白带与两个白点，缘毛暗褐并有灰白鳞毛。后翅深棕褐色，有1斜白色带。

习性：1年3代，以老熟幼虫入土化蛹越冬。幼虫为害甜菜、玉米、苋菜、向日葵、棉花、黄瓜，吐丝卷叶食害，穿孔成网。

分布：中国北京、河北、山东、陕西、江西、云南、广东、台湾，日本，朝鲜，印度，斯里兰卡，印度尼西亚，以及非洲和北美。

1.成虫背面　2.成虫腹面

2013年8月　北京顺义

26　赤巢螟　*Hypsopygia pelasgalis* (Walker)

别名：赤双纹螟。

形态：成虫翅展18～29毫米。体背及前翅红褐色，稍带紫色。前翅散布黑色鳞片，内横线淡黄色，前缘中部具1列黄斑点，外横线淡黄色，前缘扩展为1枚三角形斑点，中室处具1褐斑，有时不明显；缘毛黄色，但基部紫红色。

习性：北京7月灯下可见成虫。寄主为茶树、栎树。

分布：中国北京、河北、陕西、河南、山东、台湾、湖北、湖南、广西、海南、四川、贵州、西藏，日本，朝鲜，以及欧洲。

1.成虫背面　2.成虫腹面

2014年6月　北京顺义

27　金纹蚀叶野螟 *Lamprosema chrysorycta* (Meyrick)

别名：金色悦野螟。

形态：成虫翅展约17毫米。体翅黄色，具黑褐色斑纹；翅基片黑色，中后胸具黑斑，腹背具黑色横纹。前翅除黑色环纹和肾纹外，中室下方另有1圆形黑环纹，此三纹相接。

习性：北京7月灯下可见成虫。

分布：中国北京、台湾，日本，马来西亚，印度尼西亚，澳大利亚。

1.成虫背面　2.左翅（腹面观）

2013年8月　北京平谷

28　黑点蚀叶野螟 *Lamprosema commixta* (Butler)

形态：成虫翅展18～19毫米。头部白色；触角基部黑褐，雄蛾触角微毛状；下唇须腹面白色，其余褐色；胸部背面白褐色，颈片及翅基片黑褐色；腹部背面白褐色，腹面白色；翅黄色，翅中域白色。前翅基部暗褐色，前缘靠近基部有1黑斑，内横线黑色波纹状弯曲，中室端脉以下暗褐色，中室中央有1褐色斑，中室端脉褐色新月形不完整，外横线波纹状于翅下角向外弯曲成圆环，末端无明显边缘，在翅后角与外缘线相遇。由翅顶到Cu_1脉有1边缘不明显的暗褐色斑；后翅外缘有黑斑。

分布：中国北京、福建、四川、台湾、广东，日本，越南，印度，斯里兰卡，以及加里曼丹岛。

1.成虫背面
2.成虫腹面

2013年8月　北京怀柔

29 黑斑蚀叶野螟 *Lamprosema sibirialis* (Milliére)

别名： 黑斑网脉野螟。

形态： 成虫翅展 17 ~ 22 毫米。体背及翅淡黄色，具黑褐色斑纹；前翅前缘除横线和翅端黑褐色外黄色，无黑色纹线；前、后翅缘毛灰白色，基部黑褐色，但后角处具白色缘毛。

习性： 北京 6、7 月灯下可见成虫。

分布： 中国北京、河北、黑龙江、湖北、江西、福建、四川、贵州，日本，朝鲜。

1. 成虫背面　2. 成虫腹面

2013 年 8 月　北京怀柔

30 缀叶丛螟 *Locastra muscosalis* (Walker)

形态： 成虫翅展 30 ~ 34 毫米。头、胸、腹部红褐色；雄蛾下唇须向上弯曲，第二节鳞片粗厚，雌蛾下唇须弯曲角度不大略向前伸，第二节鳞片较薄；前、后翅 M_2 及 M_3 脉从中室下角放射状向外伸，R_2 脉从中室上角伸出，雄蛾前翅沿前缘 2/3 部位有 1 个腺状突起。前翅栗褐色，翅基斜矩形深褐色，外接锯齿形深褐色内横线，中室内有 1 丛深黑褐色鳞片，外横线褐色弯曲如波纹，外侧色浅，内外两条横线之间深栗褐色。后翅暗褐色，外横线不明显。

习性： 幼虫群居，吐丝缀合小枝成巢，取食叶片。幼虫为害核桃、楷木。

分布： 中国北京、河北、山东、安徽、江苏、福建、江西、台湾、广东、广西、云南，日本，印度，斯里兰卡。

1. 成虫背面　2. 成虫腹面

2013 年 8 月　北京怀柔

31 艾锥额野螟 *Loxostege aeruginalis* (Hübner)

形态：成虫翅展25～27毫米。前翅淡黄色带橄榄棕色，有绿色斑及带，中室内有1长圆斑，翅前缘、中室外缘各有1暗色带，从内缘到后角有1宽带，翅外缘有1横带。后翅白色，有2条棕褐色带及1条窄缘线。

习性：幼虫为害艾草，吐丝缀叶取食。

分布：中国北京、河北、山西、陕西，以及欧洲。

1.成虫背面　2.成虫腹面

2013年7月　北京延庆

32 草地螟 *Loxostege sticticalis* (Linnaeus)

别名：网锥额野螟、黄绿条螟。

形态：成虫翅展24～26毫米。体暗褐色；前翅暗褐色，中室端部有1浅褐色方形斑，外缘线较宽，淡褐色；后翅灰褐色。

习性：1年2代，幼虫老熟入土吐丝结茧化蛹。幼虫食性很杂，甜菜、大豆、紫苏、马铃薯、豌豆、胡萝卜、洋葱、菠菜、蓖麻、藜、苜蓿、茼蒿及瓜类叶片被取食成网状。

分布：中国北京、河北、山西、内蒙古，以及亚洲北部、欧洲、北美洲。

1.成虫背面　2.成虫腹面

2014年8月　北京房山

33 豆荚野螟 *Maruca vitrata* (Fabricius)

别名：大豆卷叶螟。

形态：成虫翅展24～26毫米。体暗黄褐色；前翅暗黄褐色，反映紫色闪光，翅中央有2个白色透明斑纹；后翅白色半透明有闪光。

习性：1年发生6～7代，幼虫入土结茧越冬。幼虫卷叶为害大豆、菜豆、豇豆，蛀食豆荚。

分布：中国北京、河北、河南、山东、山西、江苏、浙江、湖南、陕西、四川、云南、广西、广东、福建、台湾，日本，印度，以及欧洲。

1.成虫背面　2.成虫腹面

2013年8月　北京怀柔

34 贯众伸喙野螟 *Mecyna gracilis* (Butler)

形态：成虫翅展20～24毫米。头部黄褐色，两侧有白条；下唇须向前伸，基半褐色，端半部白色；下颚须褐色；胸部背面黄、褐色相混，翅黄色。前翅中室内及中室端脉各有1褐色圆环状纹，翅基部及外横线褐色波纹状，外缘有宽褐色带。后翅内横线及外横线弯曲如波纹，外缘有褐色宽带。

习性：幼虫为害贯众。

分布：中国北京、黑龙江、台湾，日本及西伯利亚。

1.成虫背面　2.成虫腹面　3.成虫静止状

2013年8月　北京怀柔

35　金双带草螟　*Miyakea raddeellus* (Caradja)

形态：成虫翅展17～30毫米。前翅淡黄色，散布深褐色鳞片，翅中及翅顶角各具2条金黄色带，带间银白色，外缘中部后具7个黑斑点。

习性：北京8月灯下可见成虫。为害苋菜。

分布：中国北京、河北、陕西、黑龙江、天津、山西、河南、山东、江苏、浙江、安徽、福建、广西、贵州、西藏，朝鲜，俄罗斯。

1.成虫背面　2.成虫腹面

2013年8月　北京怀柔

36　三点新茎草螟　*Neopediasia mixtalis* (Walker)

别名：三点并脉草螟。

形态：成虫翅展雄21～23毫米，雌26～28毫米。额圆形，乳白色带灰黄；下唇须平伸，褐色，有乳白斑点；翅基片乳白至淡黄灰色。雄蛾前翅褐色带红褐色，有两条明显横线，一条亚端线及一条中线在翅中央具有不明显锯齿。雌蛾前翅黄灰色，有褐色鳞片，无横线，缘毛褐色，外缘沿下角有3个黑点，翅色比雄蛾浅。

习性：幼虫为害玉米苗、大麦、小麦。

分布：中国北京、吉林、山东、江苏、浙江、湖南、湖北、四川、云南、甘肃，朝鲜，日本，俄罗斯。

1.成虫背面　2.成虫腹面

2013年8月　北京怀柔

37 茶须野螟 *Nosophora semitritalis* (Bremer)

形态： 成虫翅展约30毫米。体茶色；下唇须褐黄色，腹面白色；腹部基部白色，端部淡红。前翅茶色，前缘到中室末端和外缘暗褐色，中室外有1半圆透明白斑，内横线与外横线深褐色弯曲。后翅茶褐色，中室外有1方形斑和1个大白透明斑。

习性： 幼虫为害茶树叶。

分布： 中国北京、浙江、四川、福建、湖南、台湾、广东、海南、云南，日本，缅甸，印度尼西亚，印度，菲律宾。

1.成虫背面　2.成虫腹面

2014年7月　北京怀柔

38 扶桑四点野螟 *Notarcha quaternalis* (Zeller)

形态： 成虫翅展约20毫米。体鲜橘黄色；头、胸及腹部有白斑纹，双翅底色银白，有显著的橘黄色带。前翅亚基线及内横线宽阔，前缘靠近翅基有1黑点，中室上侧有2个黑点，中央有1个黑点，外横线弯曲；双翅有显著橘黄色横带，后翅有4条宽橘黄色横带。

习性： 幼虫为害扶桑。

分布： 中国北京、河北、陕西、四川、贵州、台湾、广东、云南，缅甸，印度，斯里兰卡，澳大利亚，南非，以及西非。

1.成虫背面　2.成虫腹面

2014年6月　北京怀柔

草螟科 Crambidae

39 亚洲玉米螟 *Ostrinia furnacalis* (Guenée)

别名：玉米螟。

形态：成虫翅展24～35毫米。雌蛾体翅鲜黄色或黄褐色，前翅内横线波形，中室中部及端部具褐斑，外横线锯齿形，后半部分弯向内侧，亚缘线锯齿形。雄蛾色较深，前翅内外横线之间、翅外缘褐色，中足胫节大于后足，但不及2倍粗；后翅淡褐色，中央有1条浅色宽带。

习性：1年多代。成虫具趋光性。幼虫取食玉米、高粱和谷子等作物。

分布：中国，日本，朝鲜，俄罗斯，以及南亚、东南亚至澳大利亚。

1.雌成虫背面　2.雄成虫背面　3.雄成虫腹面

2014年6月　北京顺义

40 克什杆野螟 *Ostrinia kasmirica* (Moore)

形态：成虫翅展24～32毫米。头顶枯黄色；额黄褐色，两侧有不明显的浅黄色纵条纹；触角黄褐色。前翅浅黄色到黄色，不均匀散布褐色鳞片，有时掺杂红色鳞片，斑纹褐色；前缘带褐色；内横线圆齿状；中室斑大而圆，中室端斑直，两者之间形成黄色方斑；中室端斑与外横线之间有不规则形的大斑；外横线锯齿状，与外缘平行；亚端缘线的内缘锯齿状。后翅褐色。

分布：中国北京、天津、吉林、宁夏，印度，俄罗斯。

1.成虫背面　2.成虫腹面

2014年6月　北京通州

41 款冬玉米螟 *Ostrinia scapulalis* (Walker)

形态：成虫翅展 22～33 毫米。体翅颜色有变化，额两侧具乳白色纵条纹；雄蛾前翅浅褐，中部褐色，外横线前半部齿形外突，外缘带褐色，内缘锯齿状；中足胫节粗大，为后足胫节的 2 倍粗；雌蛾前翅浅黄色或黄色，翅面斑纹褐色。

习性：北京 6 月灯下可见成虫。幼虫取食蜂斗菜、苍耳、马铃薯等。

分布：中国北京、陕西、新疆、吉林、天津、河南、上海、江苏、浙江、福建、台湾、湖北、湖南、广西、贵州、云南、西藏，日本，朝鲜，俄罗斯，印度。

1. 成虫背面　2. 成虫腹面

2014 年 5 月　北京昌平

42 白蜡绢须野螟 *Palpita nigropunctalis* (Bremer)

形态：成虫翅展 28～30 毫米。体乳白色带闪光；头部白色，额棕黄，头顶黄褐；下唇须第一至二节白色，第三节棕黄；领片及翅基片白色，胸部与腹部皆白色，翅白色半透明有光泽。前翅前缘有黄褐色带，中室内靠近上缘有 2 个小黑斑，中室内有新月状黑纹，2A 脉及 Cu_2 脉间各有 1 黑点，翅外缘内侧有间断暗灰色线，缘毛白色。后翅中室端有黑色斜斑纹，亚缘线暗褐色，中室下方有 1 黑点，各脉端有黑点，缘毛白色。

习性：卷叶取食。幼虫为害白蜡树、梧桐、丁香、橄榄、木樨、女贞。

分布：中国北京、辽宁、吉林、黑龙江、陕西、江苏、浙江、福建、台湾、云南，朝鲜，日本，越南，印度尼西亚，印度，斯里兰卡，新加坡，菲律宾及萨摩亚群岛。

1. 成虫背面　2. 成虫腹面

2014 年 5 月　北京顺义

43　稻纹筒水螟　*Parapoynx vittalis* (Bremer)

别名：稻水螟、稻筒卷叶螟。

形态：成虫翅展14.5～20.5毫米。头、胸部黄白色，胸部稍淡黄，前额扁平，触角褐色，翅白色。前翅前缘中央有暗褐色点，中室有2个小黑点，中室以下有1斜线，外缘有宽横线两侧暗褐，中央有细白色带，缘毛白色。后翅基部斑点暗褐，有暗褐色横线与1宽黄色锯齿状横线，缘毛灰白。

习性：幼虫卷叶为害水稻秧苗，切断叶片裹成圆筒隐居，栖息水面。

分布：中国北京、山东、江苏、浙江、湖南、陕西、福建、广东、台湾，朝鲜，日本。

1.成虫背面　2.成虫腹面

2014年6月　北京怀柔

44　芬氏羚野螟　*Pseudebulea fentoni* Butler

形态：成虫翅展23～29毫米。头顶浅黄色到浅褐色；额浅褐色到褐色，两侧有浅黄色的短纵条纹，触角背面浅黄色到褐色，腹面褐色。前翅浅黄色，翅基部至外横线之间大部分褐色；内横线浅黄色；中室半透明，中室圆斑和中室端斑褐色；外横线褐色；亚端线黑褐色，两端略加宽，前缘处有黄色斑点。后翅浅黄色；中室端斑褐色；外横线褐色；顶角处有褐色斑；外缘各脉端有褐色斑点。

分布：中国北京、河北、浙江、福建、河南、湖北、湖南、广西、四川、贵州，朝鲜，日本，俄罗斯，印度，印度尼西亚。

1.成虫背面　2.成虫腹面

2014年7月　北京怀柔

45　纯白草螟　*Pseudocatharylla simplex* (Zeller)

形态：成虫翅展16～28毫米。体翅白色；下唇须外侧和腹面淡褐色，长约为复眼直径的3倍；触角外侧深褐色，内侧白色；前足褐或深褐色，中后足外侧褐色，内侧黄白色。

习性：北京7月灯下可见成虫。

分布：中国北京、河北、陕西、甘肃、黑龙江、辽宁、天津、河南、山东、江苏、浙江、福建、台湾、湖南、湖北、香港、广西、四川、贵州、西藏，日本，俄罗斯。

1.成虫背面　2.成虫腹面

2014年7月　北京怀柔

46　黄纹野螟　*Pyrausta aurata* (Scopoli)

形态：成虫翅展16～21毫米。头胸黄色，胸部杂有黑色鳞片，腹部褐至黑褐色，每节末具白环。前翅黑褐色至紫红褐色，翅基部黄色，翅近顶端具圆形黄色斑，下方具飞鸟形黄斑。后翅颜色同前翅，有1条橘黄色弯曲横带，横带前端宽阔后端狭窄。

习性：北京6、9、10月灯下可见成虫，白天访花。为害猫薄荷。

分布：中国北京、陕西、新疆、黑龙江、河南、江苏、福建、湖南、四川，日本，朝鲜，蒙古，阿富汗，以及欧洲、北非。

1.成虫背面　2.成虫腹面

2014年9月　北京房山

47　黄斑紫翅野螟　*Rehimena phrynealis* (Walker)

形态：成虫翅展24毫米。暗紫褐色，额及下唇须橘黄。前翅内横线橘黄，有深褐色边缘，沿前缘最宽，其外缘有锯齿，翅顶前另有1方形黄斑，外缘有1橘黄色缘线，靠近翅外角暗褐色。后翅暗褐色，缘毛沿翅顶为橘黄色。

分布：北京、江苏、浙江、海南、云南。

1.成虫背面　2.成虫腹面
2014年6月　北京顺义

48　楸蠹野螟　*Sinomphisa plagialis* (Wileman)

别名：楸螟。

形态：成虫翅展33毫米。体褐色。前翅白色，翅基有黑褐色锯齿状二重线，中室及中室端各有1个黑褐色点，内横线、外横线为黑褐色波纹状。后翅中室端有黑褐色横线，外缘有黑褐色线。

习性：1年2代。成虫于4月及6～7月出现。以老熟幼虫在2～3年生枝条内越冬。幼虫为害楸树、梓树。

分布：中国北京、河北、江苏、浙江、陕西，日本，朝鲜。

1.成虫背面　2.成虫腹面
2014年6月　北京顺义

49　尖双突野螟　*Sitochroa verticalis* (Linnaeus)

别名：尖锥额野螟。

形态：成虫翅展26～28毫米。翅淡黄色；胸、腹部黄褐色，下唇须下侧白色。前翅各脉纹颜色较暗，内横线倾斜弯曲波纹状，中室内有1环带和卵圆形中室斑，外横线细锯齿状，由翅前缘向Cu_2脉附近伸直，又沿着Cu_2脉到翅中室角以下收缩，亚外缘线细锯齿状向四周扩散，翅前缘和外缘略黑。后翅外横线浅黑，于Cu_2脉附近收缩，亚外缘线弯曲波纹状，外缘线暗黑色，翅反面脉纹与斑纹深黑。

习性：幼虫为害大豆、苜蓿、甜菜、荨麻。

分布：中国北京、黑龙江、山东、陕西、江苏、四川、云南，朝鲜，日本，印度，以及欧洲。

1.成虫背面　2.成虫腹面

2013年8月　北京怀柔

50　三环狭野螟　*Stenia charonialis* (Walker)

别名：三环须水螟。

形态：成虫翅展17～20毫米。头部黄白色；下唇须基部白色，其余暗褐色；触角淡褐色，并有褐色环纹；胸部和腹部黄褐色，胸部腹面黄白，腹部各节后缘有白环，腹部腹面黄褐色；翅面黄褐色。前翅内横线暗褐色，中室内有1暗褐色四周淡黄的环纹；Cu_2脉基部有1中央淡黄四周暗褐色环纹；外横线暗褐色，从Cu_2脉以上垂直，沿Cu_2脉向内弯曲然后向下垂直；沿前缘有两个细小半圆形暗褐色环；绒毛白色，内侧有暗褐色线。后翅中室有1淡黄色圆环纹；外横线暗褐色，从翅前缘到Cu_2脉间垂直，沿Cu_2脉向内弯曲，到2A脉上方向外弯；内横线不显著，缘毛白色。

分布：中国北京、黑龙江、江苏、浙江、湖南，朝鲜，日本，俄罗斯。

1.成虫背面　2.成虫腹面

2014年7月　北京怀柔

51　细条纹野螟　*Tabidia strigiferalis* Hampson

形态：成虫翅展20～24毫米。前足腿节具黑色条纹，胫节近中部具黑环；腹部背面无黑点，除末节外各节具黑色纵条。前翅基部、中室内、中室端及中室下各有1黑斑，中室外侧具1排黑色短纵纹，圆弧形；亚外缘线由黑斑排列成弧形，但最后2斑不在弧线中。

习性：北京8月灯下可见成虫。

分布：中国北京、河北、陕西、甘肃、黑龙江、浙江、安徽、福建、海南、四川，朝鲜，俄罗斯。

1.成虫背面　2.成虫腹面

2013年8月　北京朝阳

52　双齿柔野螟　*Tenerobotys teneralis* (Caradja)

形态：成虫翅展20～24毫米。头顶浅黄色；额黄色，两侧有白色纵条纹；横触角背面浅黄色，腹面黄色。前翅黄色，内横线褐色，在1A脉处外突；中室圆斑浅褐色；中室端斑褐色，略弯；外横线褐色。后翅浅黄色，中室端斑褐色；外横线褐色，与外缘平行。

分布：中国北京、河北、山西、内蒙古、吉林、江西、四川、云南、陕西、青海、新疆，俄罗斯。

1.成虫背面
2.成虫腹面

2013年8月　北京怀柔

53 红缘须歧野螟 *Trichophysetis rufoterminalis* (Christoph)

别名：红缘须歧角螟。

形态：成虫翅展10～12毫米。体背白色，腹中部淡褐色。前翅白色，内外横线暗褐色、细弱，在中部向外突出成角；前缘基部暗褐色，并与内横线内侧的暗褐斑相连；翅外缘红褐色，中具1列黑斑。

习性：北京7、8月灯下可见成虫。幼虫取食鸡矢藤。

分布：中国北京、浙江、安徽、湖北、福建、台湾，日本，俄罗斯。

1.成虫背面　2.成虫静止状

2013年8月　北京怀柔

54 淡黄栉野螟 *Tylostega tylostegalis* (Hampson)

形态：成虫翅展19～23毫米。头淡黄色；下唇须黑褐色向上弯曲，基部及顶端淡黄色；下颚须黄褐色，细小丝状；触角淡黄色，纤毛状，有黑褐色环纹；胸、腹部背面黄褐色，各节后缘白色。前翅淡黄色，密布黑褐色鳞片；翅基部前缘、中部及后缘各有1黑褐色斑；中室内有1黑点，中室端有1黑色肾状斑；内横线黑褐色，波状向外倾斜；外横线黑褐色，在M_2脉处向外呈锯齿状弯曲，至Cu_2脉处向内弯曲至后缘；外横线内侧及翅外缘褐色，外缘有1排黑点。后翅基半部淡黄色，外半部黑褐色，中室端有1黑点。双翅缘毛淡黄色。

分布：中国北京、河北、河南、江苏、浙江、湖北、湖南、福建、台湾、广东、四川、贵州、陕西、台湾，日本，韩国，俄罗斯。

1.成虫背面　2.成虫腹面

2014年7月　北京怀柔

55 锈黄缨突野螟 *Udea ferrugalis* (Hübner)

形态： 成虫翅展16～19毫米。底色锈黄，头部灰褐带黄色，两侧有白条纹；额倾斜；前翅褐黄锈色，翅中部有1条不明显灰色横线，中室外有深褐色斑。后翅灰褐色，中室下角有1深褐斑；双翅外缘有1排黑点。

习性： 幼虫为害大豆叶片。

分布： 中国北京、河南、江苏、台湾、广东、贵州、云南，日本，印度，斯里兰卡。

1.成虫背面　2.成虫腹面

2013年9月　北京怀柔

56 银翅黄纹草螟 *Xanthocrambus argentarius* (Staudinger)

形态： 成虫翅展19.0～25.5毫米。头白色，下唇须赭褐色，外侧淡褐色，长。前翅银白色，前缘和后缘黄褐色，外横线黄褐色，具2个大锯齿，其中前一个伸向外缘。后翅和缘毛白色。

习性： 北京7、8月灯下可见成虫。

分布： 中国北京、河北、陕西、青海、宁夏、甘肃、新疆、内蒙古、黑龙江、辽宁、河南、山西、河南；俄罗斯，中亚。

1.成虫背面　2.成虫腹面

2014年8月　北京怀柔

1 三线钩蛾 *Pseudalbara parvula* (Leech)

别名：眼斑钩蛾。

形态：成虫翅展20～25毫米。体较细，背面灰褐色，腹面淡褐色。前翅紫灰褐色，有3条深褐色斜纹，中间一条较显著，内侧一条略细，外侧一条细而弯曲；中室端有2个灰白色小点，上面一个略大些；顶角向外突出，端部有1眼状斑。后翅色浅，中室端有2个不太明显的小黑点，但在翅反面清楚可见。

习性：为害核桃、栎树。

分布：中国北京、河北、黑龙江、四川、浙江，朝鲜，日本，以及欧洲。

1.成虫背面　2.成虫腹面

2014年8月　北京房山

2 古钩蛾 *Sabra harpagula* (Esper)

别名：栎树钩蛾。

形态：成虫翅展29～40毫米。体黄褐色。前翅顶角尖，顶角下方至M_3脉之间外缘显著内陷，Cu_1脉端外突，内横线褐色弯曲；中带呈深褐色，内有浅黄色斑；外横线褐色弯曲，外横线至外缘线间有棕黑色波浪状斑纹。后翅较前翅色淡，外缘Cu_1脉处有小的突起，中室下方有1浅黄色斑，黄斑下方有1棕黑色小点。前、后翅腹面均土黄色。

习性：成虫出现于5～7月。具趋光性。幼虫取食桦、椴、栎等植物。

分布：中国北京、河北、四川，日本及欧洲。

1.成虫背面　2.成虫腹面

2014年8月　北京怀柔

1 甘薯阳麦蛾 *Helcystogramma triannulella* (Herrich-Schäffer)

形态： 成虫翅展约18毫米。体黑褐色，唇须向上弯曲，伸过头顶；触角丝状，约为前翅长的2/3。前翅褐至黑褐色，中部具3个斑纹，其中2个斑芯为黄白色，另一个为黑色，有时这些斑点不甚明显，翅外缘具黑色点列。

习性： 成虫具趋光性，北京3、6、7、9月及10月初可见于灯下。寄主为甘薯、蕹菜、圆叶牵牛等旋花科植物，缀叶取食，受干扰后活跃。

分布： 在我国分布广（除新疆、宁夏、青海、西藏等）；日本、朝鲜、印度、俄罗斯远东至欧洲均有分布。

1.成虫背面　2.成虫腹面　3.成虫静止状

2013年7月　北京密云

1 　醋栗尺蛾　*Abraxas grossulariata* (Linnaeus)

形态：成虫体长约12毫米，翅展约37毫米。翅白底栗色斑，前翅翅基及外横线杏黄色，围以卵形栗色斑，变异很多。

习性：成虫7、8月间出现，1年发生1代，以蛹过冬。幼虫为害醋栗、乌荆子、榛、李、杏、桃、稠李、山榆、杠柳、紫景天等多种植物。

分布：中国北京、河北、吉林、内蒙古、陕西、朝鲜、日本，以及亚洲西部、欧洲。

1.成虫背面　2.成虫腹面

2014年7月　北京怀柔

2 　榛金星尺蛾　*Abraxas sylvata* (Scopoli)

形态：成虫体长约12毫米，翅展约39毫米。前翅外端有1白斑，翅基星斑较杏黄，翅上斑纹多变异。

习性：1年发生1代，以蛹被薄茧在地面越冬，成虫在5、6月出现。为害榛、榆、山毛榉、稠李、桦等树木。

分布：中国北京、河北、江苏、浙江、内蒙古，俄罗斯，日本，朝鲜，以及中欧、中亚。

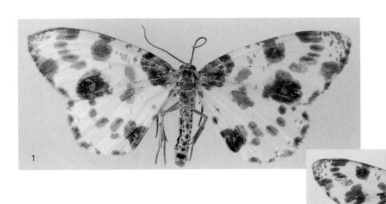

1.成虫背面　2.成虫腹面

2013年9月　北京怀柔

3　萝藦艳青尺蛾　*Agathia carissima* Butler

形态：成虫翅展27～34毫米。体黄褐色具翠绿色斑纹。翅翠绿色，前翅横线较直，基部褐色，前缘灰白色，中横线灰褐色，外缘约1/4紫褐色，顶角处具翠绿色斑。后翅外缘为紫褐色宽带，散有小绿斑，中部具小尾突。

习性：幼虫为害萝藦、隔山消等植物。北京5～8月灯下可见成虫。

分布：中国北京、河北、山西、陕西、甘肃、内蒙古、浙江、四川、辽宁、吉林、黑龙江，朝鲜，俄罗斯，印度。

1.成虫背面　2.成虫腹面

2013年8月　北京怀柔

4　阿莎尺蛾　*Amraica asahinai* (Inoue)

形态：成虫翅展雄49～66毫米，雌69～88毫米。前翅浅红褐色，内横线黑色，锯齿状；内横线以内的翅基部密布黑褐色鳞片；外横线大锯齿状，仅锯齿部分清楚，其余部分常模糊；亚端线白色，大锯齿状。后翅基部颜色较浅，外横线只有几个黑点；亚端线同前翅。

分布：中国北京、江西、台湾，日本。

1.成虫背面　2.成虫腹面

2014年6月　北京延庆

5 灰阿波尺蛾 *Anaboarmia aechmeessa* (Prout)

形态：成虫翅展23～31毫米。前翅灰白色，线纹黑色，横线或多或少呈锯齿状；内横线、中横线和外横线均在前缘形成黑斑；中室端纹细而短；端线为1列黑点。后翅斑纹与前翅相似，但内横线不明显。

分布：中国北京，日本。

1.成虫背面 2.成虫腹面

2014年6月 北京顺义

6 散罴尺蛾 *Anticypella diffusaria* (Leech)

形态：成虫体长约26毫米，翅展约64毫米。雄蛾触角双栉形，末端一小段无栉枝，雌蛾线形。翅宽大，外缘波状，前翅横纹微弱，内横线、中横线、外横线隐约可见，在前缘可见黑斑，中横线在后缘可见黑斑，亚缘线呈大的暗褐斑，尤其在近臀角处最为明显。

习性：北京7、8月灯下可见成虫。

分布：中国北京、河北、甘肃、黑龙江、辽宁、河南、四川，朝鲜，俄罗斯。

1.成虫背面 2.成虫腹面

2013年7月 北京密云

7　**斑雅尺蛾**　*Apocolotois arnoldiaria* (Oberthür)

形态：雌雄异型。雌蛾无翅，体长15～18毫米，体棕褐色（被黑、棕两种颜色鳞片），触角丝状，胸部颜色较深。雄蛾翅展48～50毫米，触角长，双栉齿状，前翅外带宽，中部具2个白点，外缘端部杏黄色；前、后翅中室上各有1暗点。

习性：幼虫取食水蜡、山杏、榆等，北京9、10月灯下可见成虫。

分布：中国北京、河北、青海、内蒙古、辽宁、吉林、黑龙江，俄罗斯。

1.成虫背面　2.成虫腹面

2013年9月　北京平谷

8　**黄星尺蛾**　*Arichanna melanaria fraterna* Butler

形态：成虫体长约13毫米，翅展约50毫米。体灰色，中胸背面具1对黑斑或无；腹部背面无斑或具黑斑。前翅底色灰白，前缘带及翅脉黄色，7列黑斑组成横线，白色横线较宽，缘毛黑黄相间；后翅底为黄色，布满淡墨色斑纹。

习性：幼虫取食油松、杨、桦、椴木等树木。成虫具趋光性，北京6～9月灯下可见。

分布：中国北京、河北、甘肃、黑龙江、辽宁、山西、河南、湖南、四川、福建、内蒙古、陕西，日本，朝鲜，蒙古，俄罗斯等。

1.成虫背面　2.成虫腹面

2013年7月　北京怀柔

9　大造桥虫　*Ascotis selenaria* (Denis et Schiffermüller)

形态：成虫体长15～18毫米，翅展38～44毫米。一般为浅灰褐色；触角雄蛾两侧锯状丛生纤毛，雌蛾线状；翅横线为黑褐色双条锯齿状纹。前翅顶角下方有褐斑，内横线、外横线和亚缘线为3条褐带，中横线不完整。后翅中横线完整而无内横线，中室端有不规则的环状斑位于中横线内。翅反面校正面色淡，斑纹较浅，但中室端的环斑和前翅顶角下的褐斑显著。

习性：1年发生多代，以蛹在土中越冬。以幼虫为害多种植物，包括棉花、花生及豆类等大田作物和多种花卉与药用植物。北京地区5～9月均可见到成虫。

分布：中国北京、天津、河北、内蒙古、江苏、浙江、四川、广西、贵州、吉林，印度，斯里兰卡，日本，朝鲜，以及非洲。

1.成虫背面　2.成虫腹面

2014年6月　北京顺义

10　山枝子尺蛾　*Aspilates geholaria* Oberthür

形态：成虫体长约15毫米，翅展约33毫米。全身银白，有浅黑色条纹。前翅周缘有细条纹，外缘另有两条纹，内侧有一圆弧纹。后翅纹较细，中室前端有一点；腹节上各有一横纹。

习性：幼虫为害山枝子、草苜蓿、洋槐等。

分布：北京、河北、天津、内蒙古、陕西、内蒙古。

1.成虫背面　2.成虫腹面

2014年7月　北京怀柔

11　桦尺蛾　*Biston betularia* (Linnaeus)

形态： 成虫体长约18毫米，翅展约47毫米。体色变异很大，在工业区体色多呈暗黑，我国东北标本翅色灰褐，布满深色污点，线纹黑色、明显。

习性： 幼虫为多食性，为害多种植物，如桦、杨、椴、法国梧桐、榆、栎、桲、槐、苹果、柳、黄檗、山毛榉、艾、蒿、黑莓、落叶松、羽扇豆等。

分布： 中国北京、河北、辽宁、吉林、黑龙江、内蒙古，日本，俄罗斯，以及西欧。

1.成虫背面　2.成虫腹面

2014年8月　北京怀柔

12　焦边尺蛾　*Bizia aexaria* (Walker)

形态： 成虫体长约22毫米，翅展约53毫米。体粉黄色。前翅外缘及后翅顶角呈焦枯色，前缘上有2块较大的焦斑，顶角附近有二三个焦点。后翅上还有一条不甚清楚的外横线。前、后翅中部附近各有一条暗黄色横带，中室端各有一焦色点，反面比正面清楚。

习性： 幼虫为害桑树。

分布： 中国北京、河北、福建、四川、重庆，日本，朝鲜。

1.成虫背面　2.成虫腹面

2013年7月　北京延庆

13　丝绵木金星尺蛾　*Calospilos suspecta* Warren

形态：成虫体长约13毫米，翅展约45毫米。翅底银白色，淡灰色斑纹。前翅外缘有1连续的淡灰纹，外横线成1行淡灰斑，上端分两叉，下端有1大斑，呈红褐色；中横线不成行，上端有1大斑，中有1圆形斑；翅基有1深黄褐色花斑。后翅斑纹较少。翅斑在个体间略有差异。

习性：1年2代。6月化蛹夏蛰，成虫于5～9月均有出现。为害柳、杨、卫矛、榆及低矮落叶树木等。

分布：中国北京、辽宁、吉林、黑龙江及华中、华东、西北等地，日本，朝鲜，俄罗斯。

1. 成虫背面　2. 成虫腹面

2013年8月　北京朝阳

14　水晶尺蛾　*Centronaxa montanaria* Leech

形态：成虫体长约14毫米，翅展约40毫米。翅灰白色半透明，翅脉灰色；前翅前缘灰白色，后翅亚缘部位的翅脉有小灰点。

分布：北京、河北、四川（峨眉山）、陕西（华山）。

1. 成虫背面　2. 成虫腹面

2014年7月　北京怀柔

15 槐奇尺蠖 *Chiasmia cinerearia* (Bremer et Grey)

别名：槐尺蠖。

形态：成虫体长约17毫米，翅展约37毫米。体色淡灰，有褐色污点，外横线以外色较深。前翅外横线上端有1三角形深斑，中横线和内横线有时不很清楚。后翅外缘凸出，外横线以外色较深。

习性：北京1年发生3代，以蛹在土中越冬，4、5月羽化为成虫，5、6月孵化出幼虫，幼虫老熟时吐丝下垂，随风飘荡，故名吊死鬼。8、9月第三代幼虫成熟，入土化蛹。为害中国槐，在庭院、苗圃、行道有时为害严重。

分布：中国北京、河北、山东、浙江、江苏、江西、台湾、陕西、甘肃、西藏，日本。

1.成虫背面　2.成虫腹面

2014年6月　北京大兴

16 柔奇尺蛾 *Chiasmia hebesata* (Walker)

别名：格庶尺蛾。

形态：成虫前翅长12～13毫米。体背及翅灰褐色，翅面具众多小褐点，尤以翅基为多。前翅具3条褐色横条，外横线近顶端明显外凸，臀角处常深褐色。后翅具2条横线，外横线中部外侧常具褐斑。前后翅中室斑点明显。

习性：幼虫取食胡枝子。北京5～8月灯下可见成虫。

分布：中国北京、河北、青海、甘肃、辽宁、山西、河南、江苏、浙江、湖南、福建、台湾、广西、贵州，日本，韩国，俄罗斯。

1.成虫背面　2.成虫腹面

2014年7月　北京怀柔

17　饰奇尺蛾　*Chiasmia ornataria* (Leech)

形态： 成虫翅展19～25毫米。前翅灰白色；内横线暗黄褐色，被翅脉分割；中横线为1列不明显的小点；外横线白色，贯穿在上小下大两个近三角形的黑色斑块中；黑斑围白边，其中的翅脉白色；前缘靠顶角处有2个小黑斑；端线黄褐色。后翅内横线不清晰；中横线黑色；外横线较模糊，其外侧中下部有1块大黑斑，黑斑被翅脉和白线分割成数块小碎斑；亚端线模糊；端线黄褐色。

分布： 中国北京、四川，韩国。

1.成虫背面　2.成虫腹面

2014年7月　北京怀柔

18　奇尺蛾　*Chiasmia* sp.

形态： 成虫翅展约25毫米。触角黄褐色；翅黄褐色，散布黑褐色细点，尤以基部和端部居多。前翅内横线暗褐色，细而直，在亚前缘向外呈角状突出；中室端斑黑色，圆点状；外横线形同内横线，但其外侧衬黑色松散的宽带，从中室外伸达后缘。后翅内横线不明显；中线几乎直；中室端斑依稀可见；外横线形同前翅，但外侧没有黑带。

分布： 北京。

1.成虫背面　2.成虫腹面

2013年8月　北京怀柔

19 藏仿锈腰尺蛾 *Chlorissa gelida* (Butler)

　　形态：成虫体长约10毫米，翅展约30毫米。体灰蓝色，腹部粉灰色至灰黄色；前后翅一白色斜横线相连，前翅前缘略灰黄；翅反面银灰色，无斑纹。

　　分布：中国北京、河北、西藏，印度，巴基斯坦。

1.成虫背面　2.成虫腹面

2014年6月　北京怀柔

20 遗仿锈腰尺蛾 *Chlorissa obliterata* (Walker)

　　别名：仿锈腰青尺蛾。

　　形态：成虫体长约8毫米，翅展约21毫米。体灰黄色，前、后翅各有白色横线1条，腹部微枯黄。

　　分布：中国北京、河北、山东、上海、四川、重庆，日本，俄罗斯。

1.成虫背面　2.成虫腹面

2014年5月　北京房山

21　肾纹绿尺蛾　*Comibaena procumbaria* (Pryer)

形态：成虫前翅长11～15毫米。青绿色，翅上白线不显著。前翅后缘外侧有1肾形斑纹，外围褐色，中间白色，翅外缘有波浪式褐线。后翅顶角及外缘处也有1更大的肾形斑纹，外围褐色，中间白色，中间有两根褐线。

习性：北京6～8月灯下可见成虫。幼虫取食荆条、胡枝子、茶、罗汉松、杨梅等植物。

分布：中国北京、河北、上海、浙江、四川、台湾，日本，朝鲜。

1.成虫背面　2.成虫腹面

2014年7月　北京平谷

22　木橑尺蛾　*Culcula panterinaria* Bremer et Grey

形态：成虫体长约24毫米，翅展约67毫米。翅底白色，上有灰色和橙色斑点；在前翅和后翅的外横线上各有一串橙色和深褐色圆斑，但往往隐显变异很大；前翅基部有1个大圆橙斑，灰斑变异很大。

习性：1年发生1代。成虫在6月羽化，7月上、中旬幼虫出现，8月入土化蛹越冬。在太行山麓的河南、河北、山西三省的十几个县（市）曾大发生，对木橑和核桃等为害十分严重。幼虫为害多种树木、大田作物、蔬菜作物及药用植物。

分布：中国北京、河北、四川、河南、山西、山东、内蒙古、台湾，日本，朝鲜。

1.成虫背面　2.成虫腹面

2013年7月　北京密云

23　朝鲜德尺蛾　*Devenilia corearia* (Leech)

形态：成虫体长约10毫米，翅展24～27毫米。体翅黄褐色，翅面布褐色短碎纹，前翅顶角处颜色较浅，翅中部的褐带较宽；两翅反面中部均具较宽的褐带，前翅外缘褐色带较宽。

习性：北京6、7月灯下可见成虫。

分布：北京、河北、台湾。

1. 成虫背面　2. 成虫腹面

2014年8月　北京怀柔

24　文蟠尺蛾　*Eilicrinia wehrlii* Djakonov

形态：成虫翅展27～37毫米。翅稍窄，白色，通常没有暗色的雾点；中室端斑大，椭圆形，在M_2脉有齿状突；外缘顶角下有1枚三角形的暗褐色大斑。后翅白色，中点依稀可见。

分布：中国北京、辽宁、吉林、黑龙江，朝鲜，日本，俄罗斯。

1. 成虫背面　2. 成虫腹面

2014年7月　北京怀柔

25 截端尺蛾 *Endropiodes indictinaria* Bremer

形态： 成虫翅展22～36毫米。翅黄褐色到灰褐色。前翅基部前缘有几条暗褐色短横纹；内横线暗褐色，几乎直；中室端有1暗色斑；外横线浅黄褐色，在前缘下方向外成锐角状突出，外横线两侧有浓密的黑褐色鳞片。后翅中室端有模糊的暗斑；中横线直；外横线中部向外呈角状突出。

分布： 中国北京、吉林、甘肃，日本，朝鲜，俄罗斯。

1.成虫背面　2.成虫腹面

2014年8月　北京房山

26 枯黄惑尺蛾 *Epholca auratilis* (Prout)

形态： 成虫翅展34～36毫米。体翅枯黄色，雄蛾色深，前翅具3条褐色横线，外横线与亚缘线在前半几乎相连，后半弧形分开（近顶角有5线相交），翅顶角处具2个白斑；后翅亚缘线大波浪形，在中部呈角形外凸。

习性： 北京7月灯下可见成虫。

分布： 北京、河北、陕西、甘肃、浙江、湖北、广西、四川、云南。

1.成虫背面　2.成虫腹面

2014年7月　北京延庆

27　葎草洲尺蛾　*Epirrhoe supergressa* (Butler)

形态：成虫体长约10毫米，翅展约27毫米。额及头顶深褐色，额掺杂灰白色；下唇须大部黄白色，端部掺杂褐色，尖端伸达额外；胸腹部背面黄褐色，腹部背中线两侧排列黑斑。前翅白色，亚基线深褐色，下半段仅在翅脉上清楚，其内侧由前缘至中室上缘深褐色；内横线黑褐色，在前缘处宽且清晰，向下逐渐变淡变细，在2A处消失；中横线与外横线之间为1深褐色中带，略带红褐色，其间有一些黑褐色条纹；翅端部蓝灰色，亚缘线白色波状，顶角前有1三角形浅色斑，其下方是1个较大的三角形褐斑，伸达亚缘线内侧。后翅白色，中点较前翅小，其下方由中室下缘至后缘有3条灰褐色线；翅端部同前翅，但无褐斑。翅反面除黑色中点外，其他斑纹均深褐色至黑褐色，并较背面扩展。

习性：为害葎草。

分布：中国北京、河北、黑龙江、吉林、内蒙古、山东、甘肃、青海，日本，朝鲜，俄罗斯。

1.成虫背面　2.成虫腹面

2014年6月　北京延庆

28　树形尺蛾　*Erebomorpha consors* (Butler)

形态：成虫前翅长35～36毫米。体棕色；翅棕色，有白色树枝纹，当展开时，前、后翅白纹连接，下为树干，上为树枝，后翅树干下有1横弧纹，弧外有3个三角尖，全翅布满黄色散条纹。

分布：中国北京、四川，朝鲜，日本，俄罗斯。

1.成虫背面　2.成虫腹面

2013年7月　北京延庆

29　美彩青尺蛾　*Eucyclodes aphrodite* (Prout)

形态：成虫体约19毫米，翅展约34毫米。触角双栉形，末端线形。翅狭长；前、后翅外缘浅波曲，翅缘毛淡绿色，在翅脉端白色。前翅绿色，翅基部有两列白点；缘线为1列白点；内横线弧形波状，中点长椭圆形，外横线锯齿状；外横线上端前缘处有1大褐斑，斑内线纹灰白色，大斑周围至外横线外侧黄色，外横线下半部外侧有红色伴线。后翅半部灰褐色带少量绿色，基部有数个大白色斑块；外横线位于翅中部，白色，深锯齿形；翅端部绿色，有两列白点，散布少量橘黄色；缘线同前翅。

分布：中国北京、河北、河南、陕西、甘肃、上海、江苏、湖北、江西、湖南、广西、四川、重庆、云南。

1.成虫背面　2.成虫腹面

2013年8月　北京怀柔

30　枯斑翠尺蛾　*Eucyclodes difficta* (Walker)

形态：成虫前翅长16～19毫米。体翠绿色，翅反面粉白色，微青。后翅外部约有1/3为灰白，满布枯褐色碎条纹。

习性：幼虫体形颇似叶芽，1年1代，4月发生，5、6月老熟，在叶片间作茧化蛹，以卵越冬。幼虫为害柳、杨、桦，取食栎叶，北京8月灯下可见成虫。

分布：中国北京、河北、辽宁、吉林、黑龙江、福建、陕西、四川，日本，朝鲜，俄罗斯。

1.成虫背面　2.成虫腹面

2014年8月　北京平谷

尺蛾科 Geometridae

31　杉小花尺蛾　*Eupithecia abietaria* (Goeze)

形态：成虫翅展18～24毫米。翅阔，前翅内横线和外横线在前缘形成黑斑；中室端斑很大；外横线黑色，细，在翅脉处间断。后翅外横线与前翅相似，但较淡；中室端斑很小。

分布：中国北京，日本及欧洲。

1.成虫背面　2.成虫腹面

2014年9月　北京房山

32　直脉青尺蛾　*Geometra valida* Felder et Rogenhofer

形态：成虫体长约21毫米，翅展约62毫米。体粉白色，翅粉青色。前翅前缘灰白色，内横线和外横线白色，外横线细，较直，波状。后翅亚端线细而不明显，从前缘中部达后缘中部，尾突较显著。

习性：成虫具趋光性，北京6～7月灯下可见。幼虫为害栎、橡、檫、板栗等树木。

分布：中国北京、河北、甘肃、宁夏、内蒙古、黑龙江、吉林、陕西、山西、湖南、四川、云南，日本，朝鲜，俄罗斯。

1.成虫背面　2.成虫腹面

2013年7月　北京延庆

33　贡尺蛾　*Gonodontis aurata* Prout

形态：成虫前翅长约27毫米。体土黄色；前翅外缘锯齿形，共3齿，愈后愈大，外横线明显，灰黄两色，内横线灰色不明显，中室上有1灰色圆点，中空。后翅淡黄色，外横线淡灰色，上部不明显，中室圆点比前翅上的略大；翅反面略浅灰，斑纹同正面。

分布：中国北京、河北、四川，日本。

1.成虫背面　2.成虫腹面

2013年9月　北京怀柔

34　亮隐尺蛾　*Heterolocha laminaria* (Herrich-Schäffer)

形态：成虫翅展19～24毫米。触角暗褐色，头部暗褐色，胸部和腹部黄褐色，翅污黄色。前翅内横线以内的基部颜色较暗；中室端斑大，椭圆形，中部色浅；外横线宽，靠近外缘，在顶角处形成暗斑。后翅内横线不明显；中室端斑条状，较模糊；外横线较宽；端线模糊。

分布：中国北京、辽宁、吉林、黑龙江、朝鲜、日本，俄罗斯，阿富汗，伊朗，土耳其。

1.成虫背面　2.成虫腹面

2014年8月　北京房山

35　隐尺蛾　*Heterolocha* sp.

　　形态：成虫翅展约24毫米。触角干灰黄色，分栉枝褐色。头部浅黄色。翅浅灰黄色，散布少量黄褐色小点。前翅内横线不明显；中室端斑大，椭圆形；外横线宽，靠近外缘，微波状。后翅内横线不明显，中横线依稀可见；中室端点长点状；外横线较宽。

　　分布：北京等地。

1.成虫背面　2.成虫腹面

2014年7月　北京怀柔

36　黑尘尺蛾　*Hypomecis catharma* (Wehrli)

　　形态：成虫翅展50～54毫米。雄蛾触角双栉齿状，末端1/5无栉齿；雌蛾触角线状。额和下唇须黑褐色；头顶灰白色。胸部和腹部背面灰褐到黑褐色，第1腹节灰白色。翅大部分黑褐色，仅在前翅中部附近显露不均匀的灰白色；前翅内横线、中横线和外横线黑色；外横线锯齿状；亚端线为1列大小不均的白点；中部和臀角处各有1个小白斑；顶角处有1个模糊的浅色斑；端线为1列黑点。后翅斑纹与前翅相似。

　　分布：北京、湖北、湖南、浙江、广东、四川、贵州。

1.成虫背面　2.成虫腹面

2013年8月　北京平谷

37　尘尺蛾　　*Hypomecis punctinalis* (Scopoli)

形态：成虫翅展46～52毫米。与黑尘尺蛾［*H. catharma* (Wehrli)］相似，但雄蛾触角的栉齿较短，末端无栉齿部分略长于1/5。体翅浅灰褐色。翅面线纹细弱，中点斑椭圆形中空，后翅各线较前翅明显，后翅反面内缘的缘毛尚有1行绒毛，是一重要特征。

　　分布：中国北京、黑龙江、吉林、辽宁、湖北、湖南、广东、浙江、四川等，日本，朝鲜，俄罗斯。

1.成虫背面　2.成虫腹面
―――――――――――――
2013年8月　北京密云

38　黄截翅尺蛾　　*Hypoxystis pulcheraria* (Herz)

　　形态：成虫翅展21～30毫米。翅浅黄色；前翅顶角尖喙状，外缘M₃脉处尖突；内横线不明显；中点小而明显；外横线明显，几乎直。后翅外横线明显，但比前翅细弱；中点明显。

　　分布：中国北京、辽宁、吉林、黑龙江、云南、贵州、四川，日本，朝鲜，俄罗斯。

1

2

1.成虫背面　2.成虫腹面
―――――――――――――
2014年8月　北京怀柔

39 棕边姬尺蛾 *Idaea impexa* (Butler)

形态：成虫翅展约14毫米。翅底黄褐色；前翅前缘和端带黑紫色；前、后翅的中室端点小而明显；其余横线细弱，不太明显。

分布：中国北京，日本，朝鲜。

1.成虫背面　2.成虫腹面

2013年9月　北京怀柔

40 玛丽姬尺蛾 *Idaea muricata* (Hufnagel)

别名：小红姬尺蛾。

形态：成虫前翅长约9毫米。体背桃红色，头额部、触角及足黄白色；翅桃红色，外缘及缘毛黄色，前翅基部及后翅中部各具黄色大斑，前翅中部具2个黄斑；近外缘具暗褐色横线，有时不明显。

习性：北京6~8月灯下可见成虫。

分布：中国北京、河北、辽宁、山东、湖南，日本，朝鲜，俄罗斯。

1.成虫背面　2.成虫腹面

2014年6月　北京顺义

41 黄辐射尺蛾 *Iotaphora iridicolor* Butler

形态：成虫前翅长27～30毫米。颜灰黄色，头顶粉黄色，下唇须外侧黑色；翅淡黄色，有杏黄色条纹，外缘较白，有辐射状黑线文，前、后翅中室上各有1黑纹。

习性：幼虫为害胡桃楸。

分布：中国北京、黑龙江、山西、四川、西藏，印度，锡金。

1.成虫背面　2.成虫腹面

2013年7月　北京延庆

42 小用克尺蛾 *Jankowskia fuscaria* (Leech)

别名：暗汝尺蛾。

形态：成虫体长约11毫米，翅展约26毫米。前翅基部至亚基线均深褐色；中带内缘弧形，外缘不规则锯齿形，中部外凸1尖齿，翅端部颜色单一，无深色端带，浅色亚缘线极弱或消失。后翅几乎无斑纹，外缘无明显波曲。

习性：幼虫为害萹蓄。

分布：北京、河北、四川。

1.成虫背面　2.成虫腹面

2014年8月　北京房山

| **43** | **中华氄尺蛾** | *Ligdia sinica* Yang |

形态： 成虫体长约9毫米，翅展21～25毫米。头胸部黑色，腹部白色具黑斑，末端黑褐色。翅白色，翅外缘具较宽的黑褐带；前翅基部1/3为1大黑斑，中部具明显的黑点，其上方具黑褐斑。

习性： 北京5～8月灯下可见成虫。

分布： 北京、河北。

1.成虫背面　2.成虫腹面

2014年8月　北京房山

| **44** | **上海玛尺蛾** | *Macaria shanghaisaria* Walker |

别名： 上海枝尺蛾。

形态： 成虫翅展21～25毫米。体、翅淡黄棕色（有时呈灰黄色），翅正反面的斑纹相近。前翅具3条黄褐色横带，外带最宽，中、内带的翅前缘处具黑褐色斑，外带前缘具2个黑褐斑，翅顶角下翅缘基缘毛呈黑色弧带。后翅外缘中部突出。

习性： 北京8、9月灯下可见成虫。停息时两对翅竖起，并不平置；幼虫取食柳、杨。

分布： 中国北京、河北、黑龙江、吉林、辽宁、上海，日本，朝鲜，俄罗斯，哈萨克斯坦。

1.成虫背面　2.成虫腹面

2013年9月　北京怀柔

45 双斜线尺蛾 *Megaspilates mundataria* (Stoll)

形态： 成虫体长约15毫米，翅展约38毫米。触角双栉形，干白色，栉枝褐色，雄蛾栉节较雌蛾长、多；体背及翅粉白色，具丝质光泽。前翅前缘和外缘褐色，具2条褐色斜线，缘毛白色。后翅近外缘具1褐色直线，较前翅斜线细，外缘褐色。

习性： 北京6、7月灯下可见成虫。

分布： 中国北京、河北、黑龙江、辽宁、内蒙古、陕西、湖北、江西、江苏，日本，朝鲜，俄罗斯，蒙古，吉尔吉斯斯坦。

1. 成虫背面　2. 成虫腹面

2014年6月　北京怀柔

46 哈展尺蛾 *Menophra harutai* (Inoue)

形态： 成虫翅展35～40毫米。前翅内横线较宽，暗黄褐色，沿中室下缘到中室端折向翅前缘；中室灰白色；外横线较直而强烈外斜，在中室后方与内横线靠近；前缘区和外横线以外的区域颜色暗。后翅外横线黑色，亚端线灰白色，两者之间形成暗带；外缘锯齿状。

分布： 中国北京，日本，朝鲜。

1. 成虫背面　2. 成虫腹面

2013年7月　北京怀柔

47 **女贞尺蛾** *Naxa seriaria* Motschulsky

形态：成虫翅展31～40毫米。体粉白色、微灰；无翅缰，触角双栉形。前翅亚缘有1弧形脉点，由8点组成，内角由3大点组成1弧形，中室上端有1点。后翅亚缘由8个脉点组成1弧，中室上端有1大点。

习性：1973年5月28日曾在北京百花山（1 200米）毛丁香上采到幼虫，有丝网，6月5日化蛹，中胸背面左右两侧有两条丝把蛹悬挂在枝上。6月18日第一头羽化，19日继续羽化。幼虫主要为害丁香、女贞、马暴等。

分布：中国北京、河北、辽宁、吉林、黑龙江，朝鲜，日本，俄罗斯。

1.成虫背面　2.成虫腹面

2013年7月　北京怀柔

48 **浅墨尺蛾** *Ninodes albarius* Beljaev et Park

形态：成虫翅展19～21毫米。翅白色，斑纹黑色。前翅内横线以内的基部黑色；中室端斑较大而圆；外带宽而中部内凹，其中掺杂黄褐色；端线由1列黑点组成。后翅中部有大黑斑，被白色和黄褐色分割成许多碎斑；端线为1列黑点。

分布：中国北京，韩国。

1.成虫背面　2.成虫腹面

2014年8月　北京房山

49　泼墨尺蛾　*Ninodes splendens* (Butler)

形态：成虫翅展16～18毫米。体背灰黄或黑褐色；翅灰黄色，前翅基半部在中室以下和后翅基半部黑色或黑褐色，深色区具银色鳞片；有时深色区黑色鳞片密集。

习性：幼虫取食朴，北京8月灯下可见成虫。

分布：中国北京、河北、甘肃、内蒙古、山东、上海、福建、湖北、湖南、四川、辽宁、吉林、黑龙江，日本，朝鲜。

1.成虫背面
2.成虫腹面

2014年7月　北京怀柔

50　四星尺蛾　*Ophthalmitis irrorataria* (Bremer et Grey)

形态：成虫体长约19毫米，翅展约51毫米。前、后翅上各有1个星状斑，与核桃星尺蛾极相似，但体较小，色泽较青，4个星斑较小，后翅内侧有1污点带；翅反面满布污点，外缘黑带不间断。

习性：幼虫食害多种植物，包括苹、柑橘、海棠、鼠李等。

分布：中国北京、天津、内蒙古、河北、辽宁、吉林、黑龙江、四川、浙江、台湾，俄罗斯，日本，朝鲜。

1.成虫背面　2.成虫腹面

2013年8月　北京怀柔

51 泛尺蛾 *Orthonama obstipata* (Fabricius)

形态：成虫体长约9毫米，翅展约21毫米。头、胸、腹部灰黄褐至灰褐色。雄蛾前翅灰黄褐色，中域有一条黑灰色带，其上中部外凸，内缘（内横线）浅弧形，外缘未达外横线；黑色椭圆形中点在带内，其周围有白圈；带内侧的亚基线和内横线、带外侧的外横线和亚缘线均灰褐色，在中室前缘至R_5一线弯折，然后呈波状并与外缘平行至后缘；缘线在翅脉端两侧有1对小黑点，缘毛灰黄褐至灰褐色，端半部色较浅。后翅可见内横线、中横线、外横线和亚缘线；前三条深灰色。翅反面色略浅，前后翅均有中点和数条波线，其中外横线最为清晰。雌蛾翅灰红褐至暗红褐色，前翅亚基线、内横线、外横线和亚缘线均灰白色波状；后翅内横线、中横线和外横线黑灰色。

习性：为害蓼科植物。

分布：中国北京、河北、河南、辽宁、内蒙古、山东、甘肃、上海、浙江、湖南、福建、广西、四川、云南、西藏，世界各国（除澳大利亚外）。

1.成虫背面　2.成虫腹面

2014年5月　北京昌平

52 栉尾尺蛾 *Ourapteryx maculicaudaria* (Motschulsky)

形态：成虫体长约17毫米，翅展约41毫米，体粉白色。前翅两横线灰黄色，两横线间有散条纹；后翅横线1条，外缘毛赭色，尾突部只有1个眼斑，另一个成1点；雄蛾触角双栉形，不同于尾尺蛾。

分布：中国北京、河北、浙江、江西、日本。

1.成虫背面　2.成虫腹面

2013年7月　北京延庆

53　柿星尺蛾　*Parapercnia giraffata* (Guenée)

形态：成虫体长约25毫米，翅展65～75毫米，雄蛾体较小。头部黄色，有4个小黑斑；复眼及触角黑褐色，触角雌蛾丝状、雄蛾短羽状。前胸背板黄色，有4个黑斑呈梯形排列；前、后翅均白色，且分布有大小不等的灰黑色斑点，外缘较密，中室处各有一个近圆形较大斑点。腹部金黄色，有不规则的黑色横纹，背面有灰褐色斑纹。

分布：中国北京、河北、河南、山西、陕西、安徽、四川、台湾，日本，朝鲜，俄罗斯，越南，缅甸，印度，印度尼西亚。

1.成虫背面　2.成虫腹面

2013年8月　北京平谷

54　驼波尺蛾　*Pelurga comitata* (Linnaeus)

形态：成虫翅展13～18毫米。额极凸出，呈圆丘形；中胸前半部凸起成驼峰状；各腹节背面后缘披长毛。头和胸、腹部背面黄褐色，胸部背面颜色较浅，由前翅基部跨过驼峰有1条灰褐色横线；第一腹节黄白色，其余各腹节背面带有金黄色。前翅浅黄褐色至黄褐色，略带焦褐色；亚基线弧形，在中室上缘处凸出一分岔的尖齿，其内侧色略深；中横线深灰褐色带状，有时可分辨出由2～3条细线组成，在中室前缘处呈钩状弯曲，然后内倾至后缘；外横线不规则锯齿状，中部凸出一粗钝大齿，外侧有3条黄白色伴线。后翅颜色同前翅，由翅基至外横线颜色略暗，外横线在M_3处弯折。翅反面黄至灰黄色，前翅外横线以内色略暗；前、后翅中点黑色清晰；外横线形状同正面，较弱。

习性：1年1代，成虫6～8月羽化，以蛹越冬。主要为害藜、滨藜，幼虫取食其花和种子。

分布：中国北京、河北、黑龙江、吉林、内蒙古、甘肃、青海、新疆、四川，日本，朝鲜，蒙古，俄罗斯等国。

1.成虫背面　2.成虫腹面

2014年8月　北京怀柔

55　桑尺蛾　*Phthonandria atrilineata* Butler

形态：成虫体长约17毫米，翅展约41毫米。雌蛾触角双栉状；体色焦枯，是停息在树皮上时很好的保护色；翅上密布黑褐色细横短纹，色斑变化大，但前翅的外横线和内横线都很明显，细而曲折，其中外横线在顶角下外凸；后翅仅1条横线，较直。

习性：幼虫为害桑树。北京5、6、8月可见成虫，具趋光性。

分布：中国北京、河北、河南、山东、江苏、浙江、安徽、江西、贵州、广东、陕西、台湾、四川、湖北、台湾，日本，朝鲜。

1.成虫背面　2.成虫腹面

2013年8月　北京怀柔

56　角顶尺蛾　*Phthonandria emaria* (Bremer)

形态：成虫翅展30～45毫米。体背面灰褐色至红褐色，胸部的颜色较深。前翅内横线与外横线黑褐色，内横线在中室下角处外突；外横线波状；两横线之间形成浅色宽带；中室端点小而明显。后翅外横线与亚端线之间形成暗色带；臀角附近颜色浅；外缘锯齿状。

习性：北京5～8月灯下可见成虫。

分布：中国北京、河北、辽宁、吉林、黑龙江、内蒙古、山西、江西、湖南，日本，朝鲜，蒙古，俄罗斯。

1.成虫背面　2.成虫腹面

2014年7月　北京怀柔

57　锯线烟尺蛾　*Phthonosema serratilinearia* (Leech)

形态：雄蛾前翅长25 ～ 31毫米，雌蛾前翅长约38毫米。雄蛾触角双栉状，端部无栉齿部分长，约为总长的1/3；前翅灰白，中横线可辨，在后缘处稍接近外横线，外横线深锯齿状，齿尖尖锐；前翅内横线内侧和外横线外侧黄褐色明显，并常在外横线外侧近后缘处形成1个鲜明的黄褐斑；缘线为1列黑点，有时消失。

习性：北京7、8月灯下可见成虫。

分布：北京、河北、陕西、甘肃、山东、江苏、浙江、湖北、湖南、四川、贵州。

1.成虫背面　2.成虫腹面

2014年7月　北京怀柔

58　苹烟尺蛾　*Phthonosema tendinosaria* (Bremer)

形态：成虫体长约20毫米，翅展约49毫米。体灰褐色，前翅外横线及内横线色较深，东北标本体较小，色亦较浅。

习性：1年发生1代，幼虫入土越冬。幼虫食害苹果、桑、林檎、梨、青冈、栗、杨栌、杜鹃、大波斯菊等。

分布：中国北京、河北、黑龙江、内蒙古、四川，日本，朝鲜。

1.成虫背面　2.成虫腹面

2014年6月　北京怀柔

59　纹眼尺蛾　*Problepsis plagiata* (Butler)

形态：成虫翅展30～38毫米。头部和胸部背面白色至污白色，腹部背面褐色至黑褐色。翅白色至乳白色；前翅前缘黄褐色；前、后翅的中带都由1个大的暗色圆斑和其下方的较小暗斑组成，中室端纹白色，镶嵌在大圆斑的中央；亚端线由1列模糊的暗斑组成。

本种与猫眼尺蛾［*P. superans* (Butler)］外形很相似，但体型较小，后翅的黑斑较小，与其外侧的暗色横影带明显分离；而猫眼尺蛾后翅的黑斑大而与其外侧的暗色横影带并接。

分布：中国北京，日本，朝鲜。

1.成虫背面　2.成虫腹面

2013年8月　北京怀柔

60　猫眼尺蛾　*Problepsis superans* (Butler)

形态：成虫翅展54～58毫米。头顶白色。前翅前缘灰色狭窄，到达眼斑上方；眼斑大而圆，具黑边框，其上端开口，黑边内为1不完整的银圈；眼斑内有条状白色中点；其下方的小斑几乎消失。后翅眼斑色深，有时接近黑灰色，略呈椭圆形，斑内散布银鳞，外上角带少量黑色；后缘的小斑与眼斑接触或合并。

本种与纹眼尺蛾［*P. plagiata* (Butler)］外形很相似，但体型较大，后翅的黑斑大而与其外侧的暗色横影带并接；而纹眼尺蛾后翅的黑斑较小，与其外侧的暗色横影带明显分离。

分布：中国北京、辽宁、陕西、湖北、湖南、台湾、西藏，日本，朝鲜，俄罗斯。

1.成虫背面　2.成虫腹面

2013年8月　北京密云

61　黑点岩尺蛾　*Scopula nigropunctata* (Hufnagel)

形态：成虫翅展24～28毫米。额黑色。体与翅灰黄色，散布黑褐色鳞片。前翅内横线细弱；中横线细带状，中点斑微小，黑色；外横线波状，细而靠近外缘；翅端部颜色稍深；亚端线隐约可见；端线黑褐色，在翅脉处间断。后翅外缘中部突出呈尖角，斑纹与前翅相似。

分布：北京、河北、辽宁、吉林、黑龙江、甘肃、四川。

1.成虫背面　2.成虫腹面

2014年9月　北京房山

62　超岩尺蛾　*Scopula superior* (Butler)

形态：成虫翅展22～24毫米。额白色，体与翅白色，前翅前缘略带黑灰色。前、后翅均有黑色中点斑和黑色缘点，前翅有4条、后翅有3条模糊的波状线。前翅反面浅灰褐色，中横线和外横线比正面明显；后翅反面白色，除微小的中点斑外，几乎没有斑纹。

分布：中国北京、湖南，日本。

1.成虫背面　2.成虫腹面

2014年8月　北京怀柔

63　污黄月尺蛾　*Selenia sordidaria* Leech

形态：成虫翅展雄35～43毫米，雌46～53毫米。翅污白色；前翅外缘M$_3$脉处呈角状突出，前缘中部有1暗斑，内横线弯曲，外横线直、倾斜。后翅内横线弯曲，中点明显；外横线波状。

分布：中国北京、湖北，朝鲜，日本，俄罗斯。

1. 成虫背面　2. 成虫腹面

2013年8月　北京怀柔

64　雨庶尺蛾　*Semiothisa pluviata* (Fabricius)

形态：成虫体长7～11毫米，翅展21～26毫米。触角雄蛾纤毛状，雌蛾线状；翅灰褐至黄褐，密布均匀的小褐纹犹如雨点纷纷。翅反面黄褐色，斑纹褐色清晰，外缘褐带中有小白斑。前翅顶角有三角形褐斑，外横线外侧为暗褐色带，中横线与内横线褐色而细在前缘折成角，中室端有黑纹。后翅中室端黑点明显，位于中横线外侧；外横线黑色，外边暗褐色并有1大黑斑；外缘波状，有黑纹列。

习性：江西1年4代，以蛹在树冠下松软土层中越冬。成虫傍晚和夜间羽化，有趋光性。主要为害榆树、刺槐等，初龄幼虫食叶片成网状，大龄幼虫取食仅留叶柄。

分布：中国北京、河北、辽宁、吉林、黑龙江、上海，印度，缅甸，日本，朝鲜。

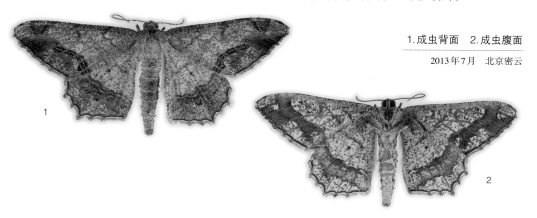

1. 成虫背面　2. 成虫腹面

2013年7月　北京密云

65 鞘封尺蛾 *Stegania craria* (Wehrli)

形态：成虫翅展20～21毫米。翅面淡黄色，具锈黄至锈褐色鳞片。前翅前缘褐色，中室端具暗褐斑，亚缘线暗褐色，并在中部及近后角伸向翅缘，围成的3个小室，前两个大小相近，后一个很小。亚缘线内侧的翅脉上常具暗褐色短纹。后翅斑纹与前翅相近。

习性：幼虫取食杨叶，北京5、8月灯下可见成虫。

分布：中国北京、河北、河南，俄罗斯等欧洲国家。

1.成虫背面　2.成虫腹面

2013年9月　北京怀柔

66 红双线尺蛾 *Syrrhodia obliqua* (Warren)

形态：成虫翅展38～40毫米。雌蛾触角线形，雄蛾触角双栉状；体翅灰黄或黄色，下唇须约1/3伸出额外，基大部黄色；额边缘及下唇须背部、触角基部白色有红斑。前翅外缘微波曲；后翅外缘在中部以上锯齿形。翅反面鲜黄色，内横线内侧和外横线外侧具2条斜线。

习性：幼虫取食栎叶，北京4～6月灯下可见成虫。

分布：中国北京、河北、陕西、甘肃、山东、江苏、浙江、江西、福建、湖南、广东、广西、四川、贵州，日本，朝鲜，俄罗斯远东。

1.成虫背面　2.成虫腹面

2013年8月　北京平谷

尺蛾科 Geometridae

67　黄双线尺蛾　*Syrrhodia perlutea* Wehrli

形态：体长约13毫米，翅展约36毫米。体背及翅鲜黄色，雄蛾触角双栉状，雌蛾触角线形。翅面具褐色小断纹，翅中部具2条平行褐色细横线，外横线近端部外侧具黄褐色斑纹，前翅数个，而后翅仅一个，缘线具褐边；翅缘锯齿形，后翅尤为明显。翅反面鲜黄色，具2条斜线，前翅外横线外全为褐色，后翅外横线外褐斑不达翅缘。

习性：幼虫取食栎叶，北京7、8月灯下可见成虫。

分布：北京、河北、山东、山西、江苏。

1.成虫背面　2.成虫腹面

2013年7月　北京怀柔

68　黄灰尺蛾　*Tephrina arenacearia* (Denis et Schiffermüller)

形态：成虫翅展约24毫米。头部橘黄色，触角褐色。翅灰黄色，散布暗黄褐色鳞片；横线细弱，暗黄褐色，内横线和外横线均较直；中室端点小而明显。前翅外横线外侧衬较宽的暗色影带。

分布：中国北京、辽宁、吉林、黑龙江、日本，朝鲜，土耳其，以及欧洲和中亚。

1.成虫背面　2.成虫腹面

2014年8月　北京房山

69 肖二线绿尺蛾 *Thetidia chlorophyllaria* (Hedemann)

形态：成虫翅展约23毫米。体背及翅绿色，前翅具2条白色细横线；后翅绿色，有1白色细亚缘线，后翅反面外横线明显，较粗。

习性：北京8月可见成虫。

分布：中国北京、河北、黑龙江、青海、山东，蒙古，俄罗斯。

1.成虫背面　2.成虫腹面

2014年8月　北京房山

70 紫线尺蛾 *Timandra comptaria* (Walker)

形态：成虫体长约9毫米，翅展约25毫米。体浅褐色；前、后翅中部各由一斜纹伸出，暗紫色，连同腹部背面的暗紫色，形成一个三角形的两边；前、后翅外缘均有紫色线，后翅外缘中部显著突出。

习性：幼虫为害萹蓄。

分布：中国北京、河北，日本，朝鲜。

1.雌成虫背面　2.雄成虫背面　3.雄成虫腹面

2014年8月　北京房山

1 白斑驼蛾 *Hyblaea* sp.

形态：成虫翅展约26毫米。触角黄褐色，头部、胸部和翅基片红褐色。前翅暗黄褐色，基部翅脉和后缘区颜色较暗。后翅黑褐色，中部有1近方形的大白斑，外缘有模糊的黄褐色斑列。

分布：北京。

1.成虫背面　2.成虫腹面

2013年8月　北京怀柔

1 落叶松毛虫 *Dendrolimus superans* (Butler)

形态：成虫翅展雌70～110毫米，雄55～76毫米。体色有灰白、棕色、赤褐、黑褐；头、胸及前翅色较深，腹及后翅色较浅，前翅斑纹变化较大。前翅较宽，外缘呈波状，倾斜度较小，外横线齿状，内、中、外横线深褐色，亚外缘斑列黑褐色，其最后两斑点若连一直线与外缘几乎平行，中室白斑大而明显。后翅中间有淡色斑纹。雄性外生殖器之阳具呈尖刀状，前半部密布骨化小齿，小抱针长度为大抱针的2/3，抱足末端高度骨化，粗大钩状齿密布端缘。雌性外生殖器之中前阴片略呈等腰三角形，侧前阴片近四方形。

习性：在我国东北地区，由北到南为2年1代、3年2代或1年1代。4～5月幼虫上树取食松针，7～8月成虫出现，9～10月幼虫开始下到落叶层下越冬。寄主有红松、落叶松、云杉、冷杉、獐子松、油松。

分布：中国北京、河北、辽宁、吉林、黑龙江、新疆，俄罗斯，朝鲜，日本。

1.成虫背面　2.成虫腹面

2013年7月　北京延庆

2 油松毛虫 *Dendrolimus tabulaeformis* Tsai et Liu

形态：成虫翅展雌57～83毫米，雄45～63毫米。体色有棕、褐、灰褐、灰白、枯叶等，触角由淡黄到褐色。前翅花纹较清楚，中横线内侧和锯齿状外横线外侧有一条颜色稍淡的线纹，颇似双重，中室端白点小可认。后翅中间隐现深色弧形斑，雄蛾亚外缘斑列内侧呈淡褐色斑纹。雄性外生殖器之抱足端缘凸起约为足面的高度，小抱针长度为大抱针的1/3～1/2，阳具弯刀状，较宽大，刀背基部曲度大，刀背端部膨大后又紧缩，尖端有长之弯钩，表面3/5面积密布骨化小刺。雌性外生殖器之中前阴片略呈长圆形，侧前阴片略呈方形。

习性：在我国华北地区年发生1～2代，3月下旬至4月上旬幼虫上树为害，7～8月成虫出现，10月下旬以四、五龄幼虫在树干基部的树皮缝或土层裂缝处越冬。在四川每年发生2～3代。为害油松、马尾松。

分布：北京、河北、陕西、甘肃、天津、河南、辽宁、山西、山东、四川、重庆、贵州。

1.成虫背面　2.成虫腹面

2014年8月　北京怀柔

3　杨褐枯叶蛾　*Gastropacha populifolia* (Esper)

形态：成虫翅展雌54～96毫米，雄38～61毫米。体翅黄褐，前、后翅散布少量黑色鳞毛；体色及前翅斑纹变化较大，有深黄褐色、黄色等，翅面斑纹模糊或消失。前翅窄长，内缘短，外缘弧形波状，前翅有5条黑色断续的波状纹，中室端有1黑褐色斑。后翅有3条明显的黑色斑纹，前缘橙黄色，后缘浅黄色。

习性：在我国东北地区，每年发生1代，以幼龄幼虫在树皮缝、枯叶中越冬。寄主为苹果、李、杏、梨、桃、柳树类。

分布：中国北京、河北、辽宁、吉林、黑龙江、陕西、甘肃、青海、新疆、云南、贵州、四川、山东、江苏、浙江、上海、朝鲜、日本，及俄罗斯等欧洲国家。

1.成虫背面　2.成虫腹面

2013年8月　北京密云

4　北李褐枯叶蛾　*Gastropacha quercifolia cerridifolia* Felder et Felder

形态：成虫翅展雌60～84毫米，雄40～68毫米。体翅色有黄褐、褐、赤褐、茶褐等，触角双栉状，唇须向前伸出，蓝黑色。前翅中部有波状横线3条，外横线色淡，内横线呈弧形黑褐色，中室端黑褐色斑点明显，外缘齿状呈弧形，较长，后缘较短，缘毛蓝褐色。后翅有2条蓝褐色斑纹，前缘区橙黄色。静止时后翅肩角和前缘部分突出，形似枯叶。

习性：在我国北方地区每年发生1代，以幼龄幼虫在树皮缝中越冬，7月成虫出现。主要为害苹果、李、沙果、梨、梅、桃、柳等。

分布：中国北京、辽宁、吉林、黑龙江、山东、江苏、浙江、上海、安徽、河南、湖北、湖南，朝鲜，日本，以及欧洲。

1.成虫背面　2.成虫腹面

2013年8月　北京怀柔

5　黄褐幕枯叶蛾　*Malacosoma neustria testacea* (Motschulsky)

别名：黄褐天幕毛虫。

形态：成虫翅展雌29～40毫米，雄24～33毫米。雄蛾体翅黄褐色，前翅中部有两条深褐色横线，两横线间色泽稍深，形成上宽下窄的宽带；触角鞭节黄色，羽枝黄褐色，外缘毛有褐色和白色相间。雌蛾前翅中部有两条深褐色横线，两线中间为深褐色宽带，宽带外侧有一黄褐色镶边；触角黄褐色，体翅褐色。

习性：每年发生1代，以卵越冬，第二年早春树木萌芽后卵开始孵化。幼虫群居在树枝叶间吐丝，作成丝幕状巢，夜间为害，白天躲进巢内。幼虫老熟期分散活动，在北京5月下旬到6月中旬出现成虫，产卵于细枝条上，呈顶针状卵块。为害多种阔叶树的叶子，主要有桃、杏、苹果、梨、栎、杨等。

分布：北京、辽宁、吉林、黑龙江、河北、山西、内蒙古、山东、江苏、河南、湖南、江西、浙江、安徽、四川、湖北、甘肃。

1.成虫背面　2.成虫腹面

2014年6月　北京顺义

6　苹枯叶蛾　*Odonestis pruni* (Linnaeus)

形态：成虫翅展雌40～65毫米，雄37～51毫米，虫体橘红色。前翅内、外横线黑褐色、呈弧形，亚外缘斑列隐现深色线纹，外缘呈波状，外缘毛深褐色不太明显，中室白斑大而明显，呈圆形或半圆形。后翅色泽较浅，有2条不明显的深褐色斑纹。

习性：在我国东北地区年发生1代。幼龄幼虫在树皮缝隙、枯叶内越冬，成虫7月出现。在我国南方第二代成虫在9～10月出现。幼虫夜间取食，白天静止于枝干上。主要为害苹果、李、梅、樱桃等树木。

分布：中国北京、河北、天津、山西、内蒙古、山东、江苏、浙江、安徽、上海、河南、湖北、湖南，日本，朝鲜，以及欧洲。

1.成虫背面　2.成虫腹面

2013年8月　北京怀柔

7　东北栎枯叶蛾 *Paralebeda femorata* (Menetries)

形态：成虫翅展雌70～81毫米，雄51～58毫米。雄蛾色泽较深，为赤褐色；雌蛾色泽较浅，为灰褐色；下唇须雄黑褐色，雌棕褐色，略向前伸。前翅中部斜行横带较窄，其形状斑纹虽与栎毛虫相似，但前端不超过Cu_1脉，止于Cu_2脉，亚外缘斑列黑色，呈细的断续的波状线纹，其末端（在后角处）椭圆形黑斑亦较小。后翅为淡褐色，雄蛾有明显斑纹。

习性：成虫7～8月出现。幼虫主要为害落叶松、榛、栎、杨、映山红等。

分布：北京、辽宁、吉林、黑龙江、河北、天津、内蒙古。

1.成虫背面　2.成虫腹面

2013年8月　北京怀柔

8　大黄枯叶蛾　*Trabala vishnou gigantina* Yang

形态： 成虫翅展雌53～85毫米，雄41～58毫米。雄触角深黄色，腹眼黑色，头、胸、前翅及后翅前半部绿色，腹及后翅后半部浅绿色；前翅有两条深色斜线，内侧夹淡绿色线纹，亚外缘斑列呈黑绿色小点，较明显，内侧衬以淡绿色纹，中室端小点黄绿色不太明显；后翅上半部呈深绿色斜线，下半部呈两列黑绿色小点。雌蛾有黄绿色和橙黄色两型，前翅近三角形，黄绿色型的内、外横线及亚外缘斑列、中室斑点、外缘线均呈黑褐色，中室到内缘呈1大型褐色斑，外缘波状，腹部末端密生浅黄色肛毛；橙黄色型的前翅中室端白点明显，其四周衬黄褐色或黑褐色纹，至后缘呈棕褐色大斑，内、外横线深橙色，不甚明显，亚外缘斑列及后翅两条横线均为黑褐色。

习性： 在长江流域1年发生2代，我国南部地区年发生3～4代，成虫在4～5月及6～7月出现。为害毛栗、石榴、相思树、黄檀、白檀、桉树等多种阔叶树。

分布： 北京、河南、湖北、湖南、广东、广西、山东、江苏、浙江、安徽、上海、云南、贵州、四川、重庆，印度，缅甸，斯里兰卡，印度尼西亚。

1.成虫背面　2.成虫腹面

2014年8月　北京怀柔

1 粗梗平祝蛾 *Lecithocera tylobathra* Meyrick

形态：成虫翅展13～16毫米。体及前翅黄褐色至土黄色；下唇须尖细、弯曲，伸过头顶；触角基部1/4明显加粗；前翅中部具2个黑斑，前翅基部边缘黑褐色，缘毛灰黄色。

习性：北京7月灯下可见成虫。幼虫以枯枝落叶为食，成虫具有趋光性。

分布：北京、河北、四川。

成虫背面

2013年8月　北京怀柔

1 　　背刺蛾　　*Belippa horrida* Walker

形态：成虫翅展30～38毫米，虫体黑混杂褐色。前翅内横线不清晰，灰白色锯齿形，从
Cu_2脉基部斜向后缘一段较可见，内横线两侧较黑，横脉纹明白色，新月形；外横线不清晰，明
白色波浪形，从M_2脉近基部向内伸至后缘中央一段隐约可见，外横线外M_3～R_5脉间明白色，
顶角具黑斑，内掺有明白色，外缘翅脉明白色，端线细明白色。后翅灰黑色，外缘色较浅，后缘
和端线白色。

分布：北京、浙江、江西、福建、台湾、云南。

1.成虫背面　2.成虫腹面

2013年7月　北京房山

2 　　长腹凯刺蛾　　*Caissa longisaccula* Wu et Fang

形态：成虫体翅21～28毫米。体翅浅黄色，具褐色或黑褐色区域。前翅中部具黑褐色横带，
前宽后窄，带中部灰白色。

习性：成虫静止时上翘腹末。北京7、8月灯下可见成虫。寄主有柞树、榛和茶。幼虫取食柞
树、榛和茶。

分布：北京、辽宁、河南、山东、浙江、安徽、福建、湖北、湖南、广西、四川、贵州。

1.成虫背面　2.成虫腹面

2014年9月　北京房山

3 黄刺蛾 *Monema flavescens* Walker

形态：成虫翅展29～36毫米。头和胸背黄色，腹背黄褐色。前翅内半部黄色，外半部黄褐色；有两条暗褐色斜线，在翅尖前汇合于一点，呈倒V形，内面一条伸到中室下角，几成两部分颜色的分界线，外面一条稍外曲，伸达臀角前方，但不达于后缘；横脉纹为1暗褐色点，中室中央下方2A脉上有时也有1模糊暗点。后翅黄或赭褐色。

习性：在东北和华北1年1代。6月上中旬化蛹，成虫于6月中旬至7月中旬出现，幼虫于7、8月为害。在南京1年2代。成虫分别于5月下旬和8月上旬出现。均以幼虫结硬壳茧越冬。寄主为苹果、梨、桃、杏、樱桃、山楂、榅桲、柿、枣、栗、枇杷、石榴、柑橘、核桃、芒果、醋栗、杨梅等果树，以及杨、柳、榆、枫、榛、梧桐、油桐、桤木、乌桕、楝、桑、茶等。

分布：除甘肃、宁夏、青海、新疆、西藏和贵州目前尚无记录外，几乎遍布全国。

1.成虫背面　2.成虫腹面　3.幼虫背面

2013年7月　北京顺义

4　苻眉刺蛾　*Narosa nigrisigna* Wileman

别名：黑眉刺蛾。

形态：成虫翅展18～25毫米。体翅白色，前翅近顶角处常具1斜生的黑褐色大斑；翅缘具黑点列。

习性：北京6、8月灯下可见成虫。幼虫取食核桃、紫荆等植物。

分布：北京、河北、辽宁、甘肃、山东、台湾、江西、湖南、四川、云南。

1. 成虫背面　2. 成虫腹面

2014年8月　北京房山

5　梨娜刺蛾　*Narosoideus flavidorsalis* (Staudinger)

别名：梨刺蛾。

形态：成虫翅展30～36毫米。虫体褐黄色，外形与迹银纹刺蛾近似，但触角双栉形分枝到末端（后者分枝仅到基部1/3）。前翅外横线以内的前半部褐色较浓，后半部黄色较显，其中2A脉暗褐色，外缘较明亮；外横线清晰暗褐色，无银色端线。

习性：幼虫为害梨、柿、枫。

分布：中国北京、河北、辽宁、吉林、黑龙江、山西、江苏、浙江、江西、台湾、广东，日本，朝鲜，俄罗斯。

1. 成虫背面　2. 成虫腹面

2014年7月　北京怀柔

6　窄黄缘绿刺蛾　*Parasa consocia* Walker

别名： 青刺蛾、梨青刺蛾、绿刺蛾、大绿刺蛾、褐边绿刺蛾。

形态： 翅展28～40毫米。头、胸背面绿色，胸部中央具黄褐色斑点，或呈纵条，腹部淡黄色。前翅绿色，翅基有褐色或黄褐色斑，翅外缘具浅黄色宽带，带内翅脉及内缘褐色。后翅淡黄色，外缘稍带褐色。

习性： 在北京和山东1年1代。8月下旬至9月下旬老熟幼虫结茧越冬，翌年6月初开始羽化成虫。长江下游地区1年2代，10月上旬老熟幼虫结茧越冬，翌年6月上旬羽化第一代成虫，第二代成虫于8月下旬出现。幼虫取食苹果、栎、梨、杏、桃、樱桃、栗、枣、核桃等植物。

分布： 除内蒙古、宁夏、甘肃、青海、新疆和西藏外，在中国广泛分布；国外分布于日本、朝鲜、俄罗斯。

1.成虫背面　2.成虫腹面

2013年7月　北京怀柔

7　中国绿刺蛾　*Parasa sinica* Moore

别名： 中华青刺蛾、绿刺蛾、苹绿刺蛾。

形态： 成虫翅展21～28毫米。头顶和胸背绿色，腹背灰褐色，末端灰黄色。前翅绿色，基斑和外缘暗灰褐色，前者在中室下缘呈角形外曲，后者与外缘平行内弯，其内缘在Cu_2脉上呈齿形外曲。后翅灰褐色，臀角稍带灰黄色。

习性： 寄主为苹果、梨、桃、杏、李、梅、柑橘、柿、樱桃、枇杷、核桃、栗、乌桕、油桐、喜树、枫、杨、柳、黄檀、刀豆、算盘子、紫藤、栀子、刺槐、榆、茶等。

分布： 北京、河北、黑龙江、吉林、辽宁、山东、江苏、浙江、江西、台湾、湖北、贵州、云南。

1.成虫背面　2.幼虫背面

2013年8月　北京平谷

8　枣奕刺蛾　*Phlossa conjuncta* (Walker)

别名：枣刺蛾。

形态：成虫翅展24～31毫米。头和颈板浅褐色，体和前翅红褐色。前翅基部1/3较暗，外边较直，横脉纹为1黑点，外缘有1铜色光泽横带，中央紧缩，两端呈三角形斑，其中后斑向内扩散至中室下角呈齿形，铜带外衬灰白边；后翅灰褐色。

分布：中国北京、河北、辽宁、山东、安徽、湖北、江苏、浙江、江西、福建、台湾、广东、广西、贵州、四川、云南，朝鲜，日本，越南，印度，泰国。

1.成虫背面　2.成虫腹面

2014年7月　北京房山

9　中国扁刺蛾　*Thosea sinensis* (Walker)

形态：成虫翅展28～39毫米。体灰褐色，前翅褐灰到浅灰色，内半部和外横线以外带黄褐色并稍具黑色雾点，外横线暗褐色，从前缘近翅尖直向后斜伸到后缘中央前方；横脉纹为1黑色圆点。后翅暗灰到黄褐色。

习性：在长江下游地区1年2代，少数3代。9月下旬老熟幼虫在树下土中结茧越冬，翌年5月中旬羽化第一代成虫，第二代成虫于7月中、下旬至8月底出现，一、二代幼虫期分别于5月下旬至7月中旬及7月下旬至9月底出现。寄主为苹果、梨、桃、李、杏、樱桃、枇杷、柑橘、枣、柿、核桃等果树，以及梧桐、油桐、喜树、乌桕、苦楝、刀豆、枫杨、白杨、银杏、大叶黄杨、泡桐、樟、桑、蓖麻等。

分布：中国北京、河北、辽宁、吉林、黑龙江、山东、安徽、江苏、浙江、江西、福建、台湾、湖北、湖南、广东、广西、四川、云南，印度，印度尼西亚。

1.成虫背面　2.成虫腹面

2013年7月　北京密云

1 **茶白毒蛾** *Arctornis alba* (Bremer)

别名：茶叶白毒蛾。

形态：成虫翅展雄32～37毫米，雌40～45毫米。头部黄白色，额部和触角基部浅黄色，胸部和腹部白色。前翅白色，有光泽，中室顶端有1赭黑色圆点；后翅白色。

习性：每年发生代数因地区而异，在福建、湖南1年发生3～4代；在安徽1年发生2代；在黑龙江1年发生1代。幼虫脱皮4～5次；老熟幼虫化蛹在叶反面。每卵块约2～17粒卵。幼虫受震动即坠落，主要为害茶、油茶、柞、蒙古栎、榛。

分布：中国北京、河北、黑龙江、山东、江苏、安徽、浙江、福建、台湾、广东、广西、湖北、湖南、四川、贵州、江西，朝鲜，日本，俄罗斯。

1.成虫背面　2.成虫腹面　3.触角

2013年9月　北京怀柔

2 **白毒蛾** *Arctornis l-nigrum* (Müller)

别名：槭黑毒蛾，弯纹白毒蛾。

形态：成虫翅展雄30～40毫米，雌40～50毫米。体白色；足白色，前足和中足胫节内侧有黑斑，跗节第1节和末节黑色。前翅白色，横脉纹黑色，呈L形；后翅白色。

习性：在东北地区1年发生1代，以三龄幼虫卷叶越冬，6月底化蛹，7月初成虫出现，卵产在植物枝或叶上，卵期8～10天，7月中旬第一龄幼虫出现。幼虫为害山毛榉、栎、鹅耳枥、苗榆、榛、桦、苹果、山楂、榆、杨、柳等。

分布：中国北京、黑龙江、吉林、辽宁、浙江、四川、云南，朝鲜，日本，俄罗斯等欧洲国家。

1.成虫背面　2.成虫腹面

2013年8月　北京怀柔

3　结丽毒蛾　*Calliteara lunulata* (Butler)

别名：结茸毒蛾、赤眉毒蛾。

形态：成虫翅展雄45～56毫米，雌65～80毫米，体银灰色，稍带黑褐色。前翅银白色，布黑色和黑褐色鳞，前缘近基部有1黑色环扣状斑，横脉纹新月形，由竖起的银白色鳞组成，外横线黑色，波浪形，外横线前端外侧有1黑色短线，翅外缘有1列黑色间断的短纹，缘毛黑白相间。后翅灰褐色，前缘和基部稍黄，横脉纹和外缘褐黑色。

习性：在东北1年发生1代。以幼虫越冬，翌年5月开始为害，7月老熟幼虫结茧化蛹，7月底至8月初成虫出现。幼虫为害栎、枹、栗。

分布：北京、河北、黑龙江、吉林、陕西。

1.成虫背面　2.成虫腹面

2013年7月　北京怀柔

4　丽毒蛾　*Calliteara pudibunda* (Linnaeus)

别名：茸毒蛾、苹叶纵纹毒蛾、苹毒蛾、苹红尾毒蛾。

形态：成虫翅展雄35～45毫米，雌45～60毫米。雄蛾体褐色；前翅灰白色，布黑色和褐色鳞，内区灰白色明显，中区色较暗，亚基线、内横线和外横线近平行，黑色，微波浪状，横脉纹黑褐色带黑色边，亚端线黑褐色不完整，端线为1列黑褐色点，缘毛灰白色与黑褐色相间；后翅白色带黑褐色鳞，横脉纹和外横线黑褐色，缘毛灰白色。雌蛾色浅，内横线和外横线清晰，亚端线和端线模糊。

习性：在北京1年发生2代。以蛹越冬，翌年4～6月和7～8月出现各代成虫，成虫产卵于树干上，每一卵块由500～1 000粒卵组成。幼虫为害嫩叶片成孔洞，5～7月和7～9月分别为各代幼虫期。第二代幼虫发生较重，一直至9月末才结茧化蛹越冬。幼虫为害桦、鹅耳枥、榛、栎、山毛榉、栗、橡、李、杏、山楂、蔷薇、苹果、梨、柳、白杨、榆、胡桃、槭、椴、榭以及各种草本植物。

分布：中国北京、河北、山西、黑龙江、吉林、辽宁、山东、河南、陕西、台湾，朝鲜，俄罗斯等欧洲国家。

1.成虫背面　2.成虫腹面

2014年5月　北京怀柔

5 折带黄毒蛾 *Euproctis flava* (Bremer)

别名： 黄毒蛾、柿叶毒蛾、杉皮毒蛾。

形态： 成虫翅展雄 25 ～ 33 毫米，雌 35 ～ 42 毫米，体浅橙黄色。前翅黄色，内横线和外横线浅黄色，从前缘外斜至中室后缘，折角后内斜，两线间布棕褐色鳞，形成折带，翅顶区有 2 棕褐色圆点，缘毛浅黄色。后翅黄色，基部色浅。

习性： 在华北 1 年发生 2 代，以四龄幼虫群集一处越冬，翌年春天开始为害嫩芽，6 月中、下旬在落叶层下吐丝结茧化蛹，6 月下旬至 7 月上旬成虫出现。成虫产卵于叶背面，每卵块 80 ～ 200 粒，外覆黄色毛，卵期 13 ～ 15 天。幼龄幼虫有群栖在近地嫩叶背面的习性，共 12 龄。第二代成虫于 8 月底出现。为害樱花、蔷薇、梨、苹果、桃、李、海棠、柿、栎、山毛榉、枇杷、石榴、茶、槭、刺槐、赤杨、紫藤、赤麻、山漆、杉、松、柏等。

分布： 北京、河北、黑龙江、辽宁、吉林、山东、江苏、安徽、浙江、江西、福建、湖南、湖北、河南、贵州、广东、广西、四川、陕西。

1. 成虫背面 2. 成虫腹面

2013 年 7 月　北京怀柔

6 云星黄毒蛾 *Euproctis niphonis* (Butler)

别名： 黑纹毒蛾、日本羽毒蛾。

形态： 成虫翅展雄 32 ～ 36 毫米，雌 36 ～ 47 毫米。雄蛾头部黄色带黑色鳞，胸部黄色，腹部暗灰褐色，腹部下面和足黄色，跗节有黑色纵纹；前翅底黄色，前缘基部黑褐色，中室后方和外方密布黑褐色鳞，形成 1 个近三角形大斑，横脉纹为黑色圆斑；后翅黑褐色，前缘基半部黄色，横脉纹为 1 黑褐色圆斑，缘毛黄色。雌蛾触角栉齿短，腹部金黄色；前翅三角形黑褐色斑较雄蛾的小，外缘中部内陷；后翅黄色，后缘布黑褐色鳞。

习性： 在东北地区 1 年发生 1 代。以幼虫越冬，成虫 7 月底至 8 月初出现。幼虫为害榛、茶藨子、醋栗、赤杨、白桦、蔷薇等。

分布： 中国北京、黑龙江、内蒙古、陕西、朝鲜、日本、俄罗斯。

1. 雌成虫背面 2. 雄成虫背面

1. 2013 年 8 月　北京怀柔
2. 2014 年 7 月　北京延庆

7 黄毒蛾 *Euproctis* sp.

形态：成虫雌蛾翅展约45毫米。触角干灰黄色，分枝浅褐色。头部黄褐色，复眼边缘色浅。体黄褐色，第一腹节灰白色。翅污褐色，散布黄褐色鳞片，斑纹不明显，前翅亚端线由1列模糊的斑点组成。

分布：北京。

1.成虫背面　2.成虫腹面

2013年7月　北京怀柔

8 幻带黄毒蛾 *Euproctis varians* (Walker)

别名：台湾茶毛虫。

形态：成虫翅展雄约18毫米，雌约30毫米。体橙黄色，触角干黄白色，栉齿灰黄棕色，足浅橙黄色。前翅黄色，内横线和外横线黄白色，近平行，外弯，两线间色较浓；后翅浅黄色。

习性：北京1年发生1代，以蛹在土中越冬。7、8月为成虫发生期。幼虫为害柑橘、茶、油茶。

分布：中国北京、河北、安徽、江西、福建、台湾、广东、四川，马来西亚，印度。

1.成虫背面　2.成虫腹面

2013年9月　北京怀柔

9 **云黄毒蛾** *Euproctis xuthonepha* Collenette

形态： 成虫翅展雄32～36毫米，雌34～38毫米。体浅橙黄色，肛毛簇橙黄色；前翅浅黄色，前缘白色，内横线外弯，内侧棕黄色，外横线在中室后内凹，外侧有一片黄棕色云状斑；后翅白黄色，前缘白色。

分布： 北京、河北、江西、甘肃、陕西。

1.成虫背面　2.成虫腹面

2013年7月　北京密云

10 **榆黄足毒蛾** *Ivela ochropoda* (Eversmann)

别名： 榆毒蛾。

形态： 成虫翅展雄25～30毫米，雌32～40毫米。触角栉齿状、黑色，触角干白色，下唇须鲜黄色，体和翅白色，前足腿节端半部、胫节和跗节鲜黄色。中足、后足胫节端部和跗节鲜黄色。

习性： 在北京1年发生2代，以幼龄幼虫越冬；翌年4～5月开始活动取食，6月中化蛹，7月初孵化。第二代幼虫8月中化蛹，9月初羽化，10月初幼龄幼虫开始在树皮缝隙中结茧越冬。成虫趋光性强，产卵于嫩枝叶上或叶背面，排列成串，外被黑灰色分泌物。老熟幼虫在叶背面或杂草上吐少量丝做茧化蛹。第一代幼虫为害最烈。幼虫为害榆、旱柳。

分布： 北京、河北、山西、内蒙古、黑龙江、吉林、辽宁、山东、河南、陕西。

1.成虫背面
2.成虫腹面
3.足

2013年9月
北京怀柔

11　杨雪毒蛾　*Leucoma candida* (Staudinger)

别名：柳毒蛾。

形态：成虫翅展雄28 ~ 32毫米，雌45 ~ 60毫米。体白色；触角干白色带黑棕色纹，栉齿黑褐色；下唇须黑色；足白色有黑环。前、后翅白色，有光泽，鳞片宽排列紧密，不透明。本种成虫外形与雪毒蛾十分相似，但在外生殖器、幼虫和蛹的形态及生物学特性上有显著区别。

习性：在北京1年发生2代，翌年4月下旬幼虫开始为害，6月下旬蛹开始羽化出成虫，7月初卵开始孵化，8月下旬化蛹，9月初第二代成虫出现，10月中、下旬幼龄幼虫越冬。幼虫为害杨、柳。

分布：中国北京、河北、内蒙古、黑龙江、吉林、辽宁、山东、山西、河南、湖北、湖南、江西、福建、四川、云南、西藏、青海、陕西，朝鲜，日本，蒙古，俄罗斯。

1. 成虫背面　2. 成虫腹面

2013年9月　北京怀柔

12　肘纹毒蛾　*Lymantria bantaizana* Matsumura

形态：成虫翅展雄32 ~ 42毫米，雌50 ~ 60毫米。体灰褐色，略带黑褐色；前翅褐白色，布黑褐色鳞，斑纹黑褐色；内横线外斜，前半清晰，横脉纹角形，外横线和亚端线波浪形；肘脉基部有1纵纹，缘线浅褐色与深褐色相间。后翅褐白色，外横线浅褐色。

习性：幼虫为害核桃。

分布：北京、河北、四川、陕西。

1. 成虫背面　2. 成虫腹面

2014年7月　北京怀柔

13　　**舞毒蛾**　　*Lymantria dispar* (Linnaeus)

别名：松针黄毒蛾、秋千毛虫、柿毛虫。

形态：成虫翅展雄蛾40～55毫米，雌蛾55～75毫米。雄蛾体褐棕色；前翅浅黄色布褐棕色鳞，斑纹黑褐色，基部有黑褐色点，中室中央有1个黑点；横脉纹弯月，内横线、中横线波浪形折曲，外横线和亚端线锯齿形折曲，亚端线以外色较浓；后翅黄棕色，横脉纹和外缘色暗，缘毛棕黄色。雌蛾体和翅黄白色略带棕色，斑纹黑棕色；后翅横脉纹和亚端线棕色，端线为1列棕色小点。

习性：东北1年1代。以卵越冬翌年5月中旬孵化，6月底老熟幼虫在树皮裂缝内、灌木上、杂草及落叶层下结茧化蛹，蛹期约15天，7月中、下旬羽化。成虫趋光性强，雄蛾常在日间飞翔。幼虫为害栎、柞、山杨、柳、桦、槭、榆、椴、鹅毛枥、山毛榉、苹果、杏、稠李、樱桃、柿、桑、核桃、山楂、落叶松、云杉、水稻、麦类等500余种植物。

分布：中国北京、黑龙江、吉林、辽宁、河北、山西、陕西、山东、湖南、湖北、河南、安徽、四川、贵州、云南、新疆、青海、甘肃、宁夏、内蒙古，朝鲜，日本，俄罗斯等欧洲国家。

1.成虫背面　2.成虫腹面

2013年7月　北京怀柔

14　　**侧柏毒蛾**　　*Parocneria furva* Leech

别名：基白柏毒蛾。

形态：成虫翅展雄20～27毫米，雌26～34毫米。雄蛾体和翅棕黑色；前翅斑纹黑色，纤细，不显著，内横线在中室后方Cu_2脉处向外折角，外横线与亚端线锯齿状折曲，在M_1脉后方和Cu_2脉后方内折角明显，缘毛棕黑色与灰色相间。雌蛾色较浅，翅微透明，斑纹清楚。

习性：在北京1年发生2代。以幼虫越冬，第一代成虫6月下旬羽化，第二代成虫8月底至9月初羽化。卵堆产，每堆2～40粒，排列不规则。幼虫夜间取食，为害侧柏、黄桧、桧柏。

分布：北京、河北、江苏、浙江、四川、湖南、湖北、山东、河南、青海、广西。

1.成虫背面　2.成虫腹面

2013年9月　北京顺义

15 戟盗毒蛾 *Porthesia kurosawai* Inoue

别名：黑衣黄毒蛾。

形态：成虫翅展雄20～22毫米，雌30～33毫米。头部橙黄色，胸部灰棕色，腹部灰棕色带黄色。前翅赤褐色布黑色鳞片，前缘和外缘黄色，赤褐色部分在R_5脉与M_1脉间和M_3与Cu_1脉间向外突出，赤褐色部分外缘带银白色斑，近翅顶有1棕色带银色小点，内横线黄色，不清楚。后翅黄色，基半部棕色。

习性：幼虫为害刺槐、茶、柑橘、桃。

分布：中国北京、河北、福建、台湾、广西、四川、湖北、江西、辽宁、浙江，日本，朝鲜。

1. 成虫背面　2. 成虫腹面

2013年8月　北京怀柔

16 盗毒蛾 *Porthesia similis* (Fueszly)

别名：黄尾毒蛾、金毛虫、桑叶毒蛾、桑毛虫。

形态：成虫翅展雄30～40毫米，雌35～45毫米。触角干白色，栉齿棕黄色，外侧黑褐色；头部、胸部和腹部基部白色微带黄色，腹部其余部分和肛毛簇黄色；前、后翅白色，前翅后缘有2个褐色斑，有的个体内侧褐色斑不明显。

习性：在华北1年发生2代，以三龄幼虫在树皮缝隙中或枯枝落叶层内作茧越冬。翌年4月底幼虫开始为害叶芽，6月中旬化蛹，6月下旬成虫出现，成虫夜间活动，产卵在枝干上或叶片反面，每一卵块大约由100～600粒卵组成，表面被黄毛。幼虫孵化后聚集在叶片上蚕食叶肉，二龄后开始分散为害，7月下旬至8月初第二代成虫出现。10月初幼虫进入越冬状态，越冬幼虫有结网群居的习性。幼虫为害柳、杨、桦、白桦、榛、桤木、山毛榉、栎、蔷薇、李、山楂、苹果、梨、花楸、桑、

1. 成虫背面　2. 成虫腹面

2013年9月　北京怀柔

茶藨子、石楠、黄檗、忍冬、马甲子、樱、洋槐、桃、梅、杏、泡桐、梧桐等。

分布：中国北京、河北、黑龙江、内蒙古、吉林、辽宁、山东、江苏、浙江、江西、福建、广西、湖南、四川、湖北、河南、甘肃、青海、台湾，日本，朝鲜，俄罗斯等欧洲国家。

17 带跗雪毒蛾 *Stilpnotia chrysoscela* Collenette

形态：成虫翅展雄约45毫米，雌约52毫米。体白色，前足浅土黄色，中足和后足跗节浅土黄色，末端有白色带；前、后翅白色，有光泽。

习性：主要为害亚麻、蒲公英，以及勿忘草属、酸模属植物。

分布：北京、河北、浙江、福建、江西、广西。

1.成虫背面　2.成虫腹面　3.足

2013年8月　北京怀柔

18　角斑台毒蛾　*Teia gonostigma* (Linnaeus)

别名： 杨白纹毒蛾、囊尾毒蛾、赤纹毒蛾。

形态： 雌雄性二型，成虫雄翅展25～36毫米，雌体长12～25毫米。雄蛾前翅暗黑红棕色，基部有1具白边的棕色斑；亚端线白色，不完整，在前缘和臀角处各形成1白色斑；后翅黑棕色。雌蛾无翅，仅留翅痕迹，腹部含卵的雌蛾体粗壮；体被灰白色或淡黄色绒毛。

习性： 幼虫为害柳、杨、桦、鹅耳枥、桤木、榛、山毛榉、栎、蔷薇、梨、苹果、李、梅、樱桃、花楸、悬钩子、唐棣、山楂、落叶松等。

分布： 中国北京、河北、山西、内蒙古、辽宁、吉林、黑龙江、江苏、浙江、山东、河南、湖北、湖南、贵州、陕西、甘肃、宁夏，朝鲜，日本，以及欧洲。

1.成虫背面　2.成虫腹面

2014年6月　北京延庆

19　平纹台毒蛾　*Teia parallela* (Gaede)

别名： 平纹古毒蛾。

形态： 成虫雄翅展23～33毫米，雌蛾体长11～14毫米。雄蛾体和后翅棕黑色；前翅和后翅缘毛红棕色，前翅有两条黑色平行线，内一线在中室处弯曲，然后向内直斜；前翅前缘中央白灰色，近臀角有1白色斑。雌蛾体呈长椭圆形，被黄白色绒毛；头部很小，触角丝状，腹部肥大，具胸足，翅退化。

习性： 以卵越冬，北京百花山7月下旬可采到成虫。主要为害法国梧桐、重阳木、辽东栎。

分布： 北京、河北、湖北、湖南、陕西、甘肃、四川。

1.成虫背面　2.成虫腹面

2013年8月　北京怀柔

1 　隐金夜蛾　*Abrostola triplasia* (Linnaeus)

形态：成虫体长约15毫米，翅展31～36毫米。头部、胸部及腹部褐色，额有1黑色横纹，触角黄褐色，下唇须第二节中部有1黑色纵纹，胸部及腹部毛簇黑褐色，体侧有黄白色长毛，足暗褐色。前翅灰褐色，内横线及外横线黑褐色，外横线M_2以前不明显，内横线内侧及外横线外侧各有1棕褐色条，外横线外侧近后缘处还有1褐线，环纹及肾纹为不完整的黑褐色细线，顶角处有黑褐色纵条，端线为黑褐细线，缘毛褐色。后翅黄褐色，中室端有不明显褐线，外缘暗褐色，缘毛黄褐色。前翅反面灰褐色，外横线隐约可见，端线褐色；后翅反面黄白色，中部的横线褐色，其外褐色，中室端褐斑较明显。

习性：为害荨麻属、薹草属、野芝麻属植物。

分布：中国北京、天津、河北、内蒙古、黑龙江、吉林、辽宁、云南、贵州、四川、重庆，日本，俄罗斯等欧洲国家。

1.成虫背面　2.成虫腹面

2014年5月　北京怀柔

2 　两色绮夜蛾　*Acontia bicolora* Leech

形态：成虫翅展20毫米。雄蛾头部褐黄色杂有少许黑色，触角黑褐色；胸部褐黄色微带霉绿色，并杂有少许黑色，足跗节外侧暗褐色，各节间有白斑；前翅外横线内方黄色，外横线外方黑褐色，外横线自前缘脉近顶角处内斜至中室顶角再折向后缘中部，亚端线隐约可见，翅外缘内侧有1赭色纹，缘毛黑褐色带紫色，顶角处的缘毛端部有白色斑纹；后翅灰褐色。雌蛾头部与胸部黑褐色，杂有少许黄色；前翅黑褐色，基部有少许霉绿黄色鳞，前缘区中部有1黄色带霉绿色外斜斑，外区前缘有1黄色三角形斑，翅外缘有隐约的黄纹；后翅缘毛端部淡黄色。多型种，变异较大，且雌雄亦异型。

习性：为害扶桑。

分布：中国北京、浙江、河北、山东、江苏、湖北、湖南、福建、江西、贵州、台湾，朝鲜，日本。

1.成虫背面　2.成虫腹面

2014年7月　北京平谷

3 **童剑纹夜蛾** *Acronicta bellula* (Alpheraky)

形态： 成虫翅展约32毫米。头部灰白色，胸部灰色带黑褐。前翅灰色，亚中褶基部及外区各1黑纵纹，各横线黑色，环纹、肾纹具灰白色黑边；后翅白色，腹部浅褐色。

分布： 中国北京、黑龙江、河北，朝鲜，俄罗斯。

1.成虫背面　2.成虫腹面

2014年5月　北京房山

4 **榆剑纹夜蛾** *Acronicta hercules* (Felder et Rogenhofer)

形态： 成虫翅展42～53毫米，头、胸灰色。前翅灰褐色，基横线、内横线、外横线均双线黑褐色，环纹与肾纹间有1黑条。后翅浅褐色，翅脉色暗；腹部黄褐色。

分布： 中国北京、黑龙江、河北、福建、云南，日本。

1.成虫背面　2.成虫腹面

2013年8月　北京怀柔

5 晃剑纹夜蛾 *Acronicta leucocuspis* (Butler)

形态： 成虫翅展39～44毫米。头、胸灰褐色，颈板、翅基片有黑纹。前翅浅褐灰色，基剑纹黑色，基横线、内横线、外横线均双线，环纹白色黑边，肾纹褐色有白环，两纹间有1黑线，肾纹前有一黑条，端剑纹黑色；后翅浅褐色，可见外横线。

分布： 中国北京、河北、山东、云南，朝鲜，日本。

1.成虫背面　2.成虫腹面
3.成虫静止状

2014年8月　北京怀柔

6 桑剑纹夜蛾 *Acronicta major* (Bremer)

形态： 成虫翅展62～69毫米。头、胸及前翅灰白色带褐。前翅基剑纹与端剑纹黑色，前者端部分支，内横线与外横线均双线黑色，环纹、肾纹灰色黑边，后者前方有斜黑纹。后翅浅褐色，外横线可见。雄蛾抱钩细长，斜伸向背。

习性： 1年1代，幼虫为害桑、桃、梅、李、柑橘等，以茧蛹于树下土中滞育越冬。初孵幼虫群集取食叶表皮、叶肉成缺刻或孔洞，三龄后取食叶片仅留叶柄。成虫有趋光性。

分布： 中国北京、黑龙江、陕西、河南、湖北、湖南、四川，日本，俄罗斯。

1.成虫背面　2.成虫腹面

2013年7月　北京密云

7　尘剑纹夜蛾　*Acronicta pulverosa* (Hampson)

形态：成虫体长约13毫米，翅展约36毫米。头、胸及前翅灰白带褐。前翅基线、内横线及外横线均双线黑色，剑纹为黑纵条，环纹、肾纹白色黑边，亚中褶端部1黑纵条，亚端线不明显，内侧色暗，后翅浅褐色。腹部褐色。

分布：中国北京、河北、江苏，日本。

1.成虫背面　2.成虫腹面

2014年8月　北京怀柔

8　白斑烦夜蛾　*Aedia leucomelas* (Linnaeus)

别名：烦夜蛾。

形态：成虫体长25～27毫米，翅展33～35毫米。头部及胸部黑棕色，颈板有1黑线，毛簇带褐色，腹部黑棕色带褐。前翅黑棕色带褐，基线黑色达亚中褶，内横线双线黑色波浪形，环纹白色，中央黑褐色，肾纹白色，中有黑圈，外侧分割为白小斑，后方有1白色斜斑，外方灰白色扩展至外横线，外横线黑色微锯齿形，亚端线白色锯齿形内侧各脉间有1齿形黑纹，端线黑色。后翅基半部白色，后缘及外半部黑色，但顶角及臀角外缘毛白色。

习性：为害甘薯。

分布：中国北京、台湾、广东、四川、云南，印度，日本，伊朗，阿尔及利亚，俄罗斯以及欧洲南部国家。

1.成虫背面　2.成虫腹面

2013年8月　北京怀柔

9　小地老虎　*Agrotis ipsilon* (Hufnagel)

形态：成虫翅展约50毫米。头、胸及前翅褐色或黑灰色。前翅前缘区色较黑，翅脉纹黑色，基横线、内横线及外横线均双线黑色，中横线黑色，亚端线灰白色锯齿形，内侧$M_3 \sim M_1$脉间有2楔形黑纹，外侧2黑点，环纹、肾纹暗灰色，后者外方有1楔形黑纹。后翅白色半透明。腹部灰褐色，雄蛾抱器瓣端部肥大，阳茎无角状器。

习性：为害棉花、玉米、小麦、高粱、烟草、马铃薯、麻，以及豆类植物和蔬菜等，也为害树苗。

分布：世界性分布。

1.成虫背面　2.成虫腹面

2013年7月　北京密云

10　黄地老虎　*Agrotis segetum* (Denis et Schiffermüller)

形态：成虫翅展31 ~ 43毫米。头、胸、前翅浅褐色。前翅基横线、内横线及外横线均黑色，亚端线褐色外侧黑灰色，剑纹小，环纹、肾纹褐色黑边，环纹外端较尖，中横线褐色波浪形。后翅白色半透明。雄蛾抱钩短弯，阳茎端部有1几丁质脊，其上有锯齿。

习性：为害棉花、玉米、高粱、小麦、烟草、甜菜、麻、马铃薯，以及瓜苗和多种蔬菜。

分布：全国各地，以及亚洲、欧洲、非洲。

1.成虫背面（雄）　2.成虫背面（雌）

1.2013年7月　北京怀柔　2.2013年8月　北京怀柔

11 　地夜蛾　*Agrotis* sp.

　　形态：成虫翅展约37毫米。头部浅褐色，触角暗褐色，胸部褐色。前翅褐色；基横线浅褐色，内侧衬黑色边；内横线浅褐色，外侧在中室下方有1黑色指状斑；外横线锯齿状；中室黑色，中部有圆形浅色的中室斑，端部有肾形浅色斑；亚端线波状。后翅褐色，无斑纹。

　　分布：北京。

1.成虫背面　2.成虫腹面

2013年8月　北京怀柔

12 　大地老虎　*Agrotis tokionis* Butler

　　形态：成虫翅展45～48毫米。头、胸褐色；前翅褐色带灰色，基横线、内横线及外横线均双线，亚端线锯齿形，剑纹小，尖锥形，环纹、肾纹灰褐色黑边，环纹外缘锯齿形，肾纹外方一黑斑。后翅浅褐黄色；腹部灰褐色。雄蛾抱钩短粗，阳茎无角状器，端部有1纵脊，上有锯齿。

　　习性：寄主为棉花、玉米、高粱、烟草。

　　分布：中国、日本、俄罗斯。

1.成虫背面　2.成虫腹面

2013年9月　北京怀柔

13　三叉地老虎　*Agrotis trifurca* Eversmann

形态：成虫翅展约42毫米。头、胸及前翅褐色。前翅带紫色，翅脉纹及翅脉两侧浅灰色，基横线与内横线均双线黑色，外横线黑褐色，亚端线灰白，两侧各1列黑齿纹；剑纹长舌形，环纹内端较尖，环纹、肾纹间暗褐色，外横线内侧1暗褐纹。后翅褐黄色。腹部灰色。

习性：在嫩江地区幼虫4月下旬开始活动，白天潜伏于寄主植物根部附近土中，夜间为害。老熟幼虫黑色，有假死性，9月初开始越冬，翌年6月化蛹。寄主有粟、高粱、玉米、甜菜、苦荬菜、苣荬菜、苍耳、车前、刺儿菜。

分布：中国北京、黑龙江、内蒙古、青海、新疆，俄罗斯。

1.成虫背面　2.成虫腹面

2013年9月　北京怀柔

14　亚奂夜蛾　*Amphipoea asiatica* (Burrows)

形态：成虫翅展约28毫米。头部浅黄褐色，胸部红褐色。前翅黄褐微带红棕色，基横线、内横线不明显，黑棕色波浪形外斜，环纹及肾纹大，中横线、外横线黑褐色，后者双线波浪形，亚端线黑褐色不清晰，锯齿形。后翅污褐黄色。腹部褐色。

分布：中国北京、黑龙江、新疆、山西、四川、云南，日本，以及中亚地区。

1.成虫背面　2.成虫腹面

2013年7月　北京延庆

15　麦奂夜蛾　*Amphipoea fucosa* (Freyer)

别名： 秀夜蛾。

形态： 成虫体长13～16毫米，翅展30～36毫米。头部黄褐色，胸部黄褐色，腹部灰黄色。前翅黄褐色，布有暗褐细点；基横线褐色；内横线双线褐色，波浪形，剑纹小，红褐色，褐边；肾纹黄色带锈红色，有1弧线褐纹，内缘直；中横线褐色，后半段内斜；外横线双线褐色，微呈锯齿形；亚端线褐色，细弱；端线褐色。后翅浅黄色微带褐色。

习性： 为害小麦、大麦、玉米。

分布： 中国北京、黑龙江、内蒙古、青海、新疆、河北、湖北，日本。

1.成虫背面　2.成虫腹面

2013年7月　北京延庆

16　大红裙杂夜蛾　*Amphipyra monolitha* (Guenée)

形态： 成虫翅展56～63毫米。头、胸黑棕杂褐色。前翅紫棕色，基横线双线黑色波浪形，内横线、外横线均双线黑色锯齿形，后者齿尖有白点，中横线模糊暗褐色，中室有1暗褐纹，环纹为赭白环，肾纹不显，亚端线为1列黄白点，内侧有1列黑齿纹，外侧有1列暗褐纹。后翅红褐色。腹部紫棕色。

习性： 为害栎、枫、榆、杨、柳、榛、胡桃、接骨木、乌荆子、桦、桃、梨、苹果、葡萄、樱桃。

分布： 中国北京、黑龙江、湖北、江西、四川、河北、广东，日本，印度，伊朗，俄罗斯等欧洲国家。

1.成虫背面　2.成虫腹面

2013年8月　北京怀柔

17 暗钝夜蛾 *Anacronicta caliginea* (Butler)

别名：暗后夜蛾、暗后剑纹夜蛾。

形态：成虫体长约16毫米，翅展约45毫米。头部暗褐色，胸部灰褐色。前翅暗褐色，各横线黑色，基横线、内横线、外横线均双线，中横线粗。后翅浅黄褐色。腹部灰褐色。

分布：中国北京、黑龙江、陕西、山西、河南、浙江、湖北、湖南、江西、四川、贵州、云南，朝鲜，日本，俄罗斯。

1. 成虫背面　2. 成虫腹面

2014年7月　北京怀柔

18 旋歧夜蛾 *Anarta trifolii* (Hufnagel)

形态：成虫翅展31～38毫米。头、胸褐灰色。前翅灰带浅褐，基横线、内横线及外横线均双线黑色，后者锯齿形，剑纹褐色，环纹灰黄色，肾纹灰色，均围黑边线，亚端线暗灰色，在 Cu_1、M_3 脉为大锯齿形，线内方 Cu_2～M_3 脉间有黑齿纹。后翅白色带污褐色。腹部黄褐色。

习性：为害洋葱及多种草本植物。

分布：中国北京、新疆、河北、甘肃、宁夏、青海、西藏，印度，以及亚洲西部、非洲北部、欧洲。

1. 成虫背面　2. 成虫腹面

2013年8月　北京怀柔

19　　汉秀夜蛾　*Apamea hampsoni* Sugi

　　形态：成虫翅展约42毫米。头、胸褐色。前翅褐色部分带暗褐色，基横线、内横线及外横线均双线黑色，基横线、内横线波浪形，外横线锯齿形，剑纹不清晰，环纹、肾纹大，褐黄色，中横线模糊黑褐色，内横线、外横线间的亚中褶1黑纵纹，亚端线浅黄色锯齿形，两侧褐色，端区黑褐色。后翅浅褐色，可见外横线与亚端线；腹部红褐色。

　　分布：中国北京、黑龙江，日本。

1.成虫背面　2.成虫腹面

2014年7月　北京怀柔

20　　秀夜蛾　*Apamea* sp.

　　形态：成虫翅展约42毫米。头、胸、腹及前、后翅均浅褐色。前翅中区较暗，亚中褶基部1黑纹，基横线、外横线均双线黑色波浪形，内横线黑色、后半波浪形，剑纹小，环纹及肾纹微白，中横线黑色、亚端线浅褐色、中段波浪形外弯。

　　习性：陕西1年发生1代，以老熟幼虫在麦田地下40厘米处越冬，翌春3月下旬上升至耕作层，4月中旬化蛹，5月成虫出现。寄主为小麦及蒲公英属植物。

　　分布：中国北京、黑龙江、内蒙古、甘肃、青海、新疆、四川、云南、陕西，日本，以及欧洲。

1.成虫背面　2.成虫腹面

2013年9月　北京怀柔

21　苇锹额夜蛾 *Archanara phragmiticola* (Staudinger)

形态：成虫翅展约32毫米。头部与胸部灰褐色，喙不发达，额有2个齿形突起。前翅灰褐色，中室后缘端部有1白纹及1暗褐色点，其外方有3个白点，亚端线隐约可见，翅外缘有1列暗褐点。后翅淡灰褐色。腹部灰褐色。

习性：为害芦苇。

分布：中国北京、黑龙江、河北，西伯利亚。

1.成虫背面　2.成虫腹面

2014年6月　北京延庆

22　银装冬夜蛾 *Argyromata splendida* Stoll

形态：成虫体长13～16毫米；翅展31～39毫米。头部及胸部白色杂暗灰色，颈板基部及端部暗灰色；腹部淡赭黄色。前翅银蓝色，后缘外半部土黄色，缘毛白色。后翅白色，端区带有暗褐灰色。

分布：中国北京、青海、甘肃、内蒙古、新疆，俄罗斯，蒙古。

1.成虫背面　2.成虫腹面

2013年8月　北京怀柔

23 双委夜蛾 *Athetis dissimilis* (Hampson)

形态：成虫翅展27～30毫米。胸部、前翅覆浓密鳞毛，呈灰褐色至黑灰色。前翅具金属光泽，内横线、外横线为黑褐色波浪状；环纹黑色；肾纹具黑边，其下有1白点；后缘黑色。后翅灰白色，后缘黑色。雄蛾中足、后足腿节内侧具浅黄色至金黄色长毛，二点委夜蛾（*A. lepigone*）无此特征。雌蛾腹部末端毛簇张开呈细长形至长椭圆形缝隙，较二点委夜蛾收拢，二点委夜蛾雌虫腹部末端毛簇张开呈圆形。

习性：为害大葱。

分布：中国北京、山东、河南、台湾，日本，朝鲜，印度，菲律宾，印度尼西亚。

1. 成虫背面　2. 成虫腹面

2014年7月　北京怀柔

24 委夜蛾 *Athetis furvula* (Hübner)

形态：成虫翅展28～30毫米。头、胸灰色杂褐色。前翅灰褐色，外区、端区褐色，基横线、内横线、中横线及外横线黑色，内横线波浪形，环纹为1黑点，肾纹内缘白色，中横线粗，外横线锯齿形，齿尖为点状，亚端线白色，两侧褐色，翅外缘1列黑色斑点，内侧1白线。后翅浅褐灰色。腹部红褐色。

分布：中国北京、黑龙江、内蒙古、辽宁、新疆、河北，朝鲜，日本，以及欧洲东部。

1. 成虫背面　2. 成虫腹面

2014年8月　北京房山

25 后委夜蛾 *Athetis gluteosa* (Treitschke)

形态：成虫翅展25～36毫米。头、胸及前翅浅褐灰色。前翅基横线、内横线褐色，后者波浪形，环纹为1黑褐点，肾纹小、褐色，中横线暗褐色，后半波浪形，外横线黑褐色锯齿形，齿尖为点状，亚端线灰白色，内侧暗褐色，翅外缘1列黑褐纹。后翅与腹部白色微带褐色。

习性：寄主为低矮草本植物，在河南为害玉米、小麦、甘薯、大豆、花生、白菜。

分布：中国北京、黑龙江、青海、西藏、四川，朝鲜，日本，蒙古，以及中亚地区、欧洲。

1.成虫背面　2.成虫腹面

2013年8月　北京怀柔

26 二点委夜蛾 *Athetis lepigone* (Moschler)

形态：成虫翅展约20毫米。头、胸、腹及前翅灰褐色。前翅有暗褐细点，内横线、外横线暗褐色波浪形，环纹为1黑点；肾纹小，有黑点组成的边缘，外侧中凹，有1白点；翅外缘1列黑点。后翅白色微褐，端区暗褐色。腹部灰褐色。

分布：中国北京、河北、山西、河南、山东、江苏、安徽，日本，韩国，朝鲜，俄罗斯等欧洲国家。

1.成虫背面　2.成虫腹面

2014年9月　北京昌平

27 线委夜蛾 *Athetis lineosa* (Moore)

形态：成虫翅展27～40毫米。头部灰褐色，胸部褐色。前翅浅褐色，翅脉有暗褐纹，各横线均黑色，环纹为1黑点，肾纹为1白点，前方有1白点，中横线粗而模糊，亚端线不清晰。后翅灰褐色，缘毛黄白色。雄蛾后翅反面的前缘区有后向鳞片丛，亚前缘脉上的鳞片列成脊状；腹部褐灰色。

分布：中国北京、河北、河南、浙江、湖北、湖南、福建、海南、广西、四川、云南，印度，日本。

1.成虫背面　2.成虫腹面

2014年6月　北京怀柔

28 帕委夜蛾* *Athetis pallidipennis* Sugi

形态：成虫翅展27～29毫米。前翅黄褐色，各横线明显，暗黄褐色；内横线细，大部分直；中横线暗褐色，较宽；外横线细，稍弧形弯；亚端线较宽，微波状，暗褐色，其外缘浅黄褐色。后翅潜黄褐色，端部颜色较暗。

分布：中国北京，日本，韩国。

1.成虫背面　2.成虫腹面

2014年7月　北京怀柔　*中国新记录种

| 29 | 纬夜蛾 | *Atrachea nitens* (Butler) |

别名： 光陌夜蛾。

形态： 成虫翅展约44毫米。头、胸及前翅黄灰色。前翅微绿色，基横线、内横线及外横线均双线黑色，后者锯齿形；中横线黑色锯齿形，亚端线褐白色锯齿形，内侧衬黑色；剑纹小，环纹及肾纹霉绿色。后翅黄褐色带黑色，近臀角处有浅黄纹。腹部暗黄色。

分布： 中国北京、湖南、浙江，日本，韩国。

1.成虫背面　2.成虫腹面

2013年8月　北京怀柔

| 30 | 疏纹杰夜蛾 | *Auchmis paucinotata* (Hampson) |

形态： 成虫翅展约42毫米。头部及胸部暗灰色。前翅暗灰色微褐色，基横线仅在前缘脉可见黑色；内横线黑色，锯齿形外弯；剑纹尖，黑边；中横线黑色，自前缘脉外斜至中室；外横线黑色，锯齿形外弯；亚端线灰色，锯齿形，内侧有1列黑纵纹，在亚中褶处黑纹合并为1尖纹；环纹斜，端部尖，伸达肾纹，后缘黑色；肾纹后缘黑色。后翅褐色，缘毛基部及端部白色。腹部褐灰色。

分布： 中国北京、青海、四川，克什米尔地区。

1.成虫背面　2.成虫腹面

2014年6月　北京怀柔

31 黑图夜蛾 *Autographa nigrisigna* (Walker)

形态：成虫翅展约30毫米。头部棕黄色，触角棕色，胸部棕黄色。前翅黄褐色；基横线前半段褐色，后半段黑色；内横线双线，棕色，前半段不明显，后半段中部呈弧形向外弯曲，前缘端外侧有 1 褐色小斑纹；中横线褐色，较直；外横线棕黄色，双线，较直；亚端线灰褐色，波状；端线褐色，亚端线与端线间浅黄色；环状纹褐色，边缘线近 R 主干处银色，中室下方有 2 个银色斑纹，肾状纹褐色。后翅浅黄褐色，端部颜色较暗。

分布：中国北京、西藏，朝鲜，日本，俄罗斯，不丹，印度，尼泊尔，巴基斯坦，阿富汗。

1.成虫背面　2.成虫腹面

2014年8月　北京顺义

32 朽木夜蛾 *Axylia putris* (Linnaeus)

形态：成虫翅展约28毫米。头部浅褐杂白色，胸部及前翅赭黄色。前翅脉纹黑色，前缘区、中褶及内横线内方均带褐色，中室前带有黑色；基横线、内横线及外横线均双线黑色，后者锯齿形；亚端线部分呈褐色并有黑纵纹；剑纹黑边，环纹、肾纹微黄，黑边。后翅黄白微带褐色，翅脉黑褐色。腹部暗褐色。

习性：1年3代，以蛹越冬。成虫有趋光性，幼虫第一代5~6月、第二代7~8月、第三代9~10月出现。为害繁缕属、缤藜属、车前属植物。

分布：中国北京、黑龙江、新疆、河北、山西、湖南，日本，朝鲜，印度，以及欧洲。

1.成虫背面　2.成虫腹面

2013年8月　北京怀柔

33 新靛夜蛾 *Belciana staudingeri* (Leech)

形态：成虫翅展约36毫米。头部黑褐杂灰绿色，胸部褐黑杂白色。前翅灰绿色，基部1黑斑，各横线黑色，基横线、内横线波浪形，其余各线锯齿形；环纹黑色，后端1白点，肾纹白色，中有黑曲线；外横线前半外方至顶角大部褐色，Cu_2脉后至臀角1近方形褐斑，端线为1列黑点。后翅褐色，外横线褐白色，内侧1黑纹，外侧1模糊三角形纹。腹部浅褐色。

分布：中国北京、山西、浙江、湖南，朝鲜。

1.成虫背面　2.成虫腹面

2014年7月　北京怀柔

34 淡缘波夜蛾 *Bocana marginata* (Leech)

形态：成虫翅展35毫米。头部褐色，雄蛾触角双栉形，外侧栉齿长，内侧的短，胸部褐色。前翅淡褐色，散布暗褐细点，前缘区带有暗灰色；内横线黑色，微曲内斜，在中室之前不明显，线外侧衬白色；外横线黑色，自前缘脉微曲内斜，M_3脉后内弯，Cu_2脉后折向外斜，线外侧衬白色；亚端线黑色，较直内斜，黑色向内稍扩展，线外侧衬白色；肾纹黑色，窄而斜；翅外缘有1列黑点。后翅浅褐色带灰色，前缘区与外缘区微黄；外横线黑色细弱，前缘区内不明显，线内方色较暗；亚端线黑色，较模糊并向内扩展，在前缘脉后内凹，其后较直，外侧衬白色；端线黑色。腹部淡黄褐色，背面后半部褐灰色。

分布：北京、浙江、湖南、江西、福建、贵州。

1.成虫背面　2.成虫腹面

2013年7月　北京密云

35 阴卜夜蛾 *Bomolocha stygiana* (Butler)

形态：成虫翅展约35毫米。头部棕褐色，下唇须向前平伸，第二节下缘饰密鳞，第三节端部灰色；胸部背面棕褐色，足黄灰色杂黑褐色，前足胫节外侧褐黑色。前翅外横线内方为1黑棕色带紫色大斑；内横线浅褐色，自前缘脉外斜至中室前缘折角内斜，至亚中褶再折角外斜；外横线白色，自前缘脉微曲外斜至M_2脉折角内弯，至亚中褶后内斜；环纹不显或隐约可见；亚端线灰白色，波浪形，极不明显，内侧有几个模糊黑色斑纹；顶角有一内斜黑纹；端线黑色。后翅灰褐色，横脉纹小，暗褐色。腹部棕褐色。

分布：中国北京、浙江、江西、西藏，朝鲜，日本。

1.成虫背面　2.成虫腹面

2013年7月　北京怀柔

36 胞短栉夜蛾 *Brevipecten consanguis* Leech

形态：成虫翅展约28毫米。头部棕灰色，下唇须外侧深棕色；胸部背面棕灰色，前、中足胫节及跗节外侧褐黑色。前翅棕色杂有灰白色，基横线黑色，自前缘脉至中室后缘；内横线黑色，直线外斜；中横线黑色，仅中室后可见较直外斜；肾纹灰褐色，黑褐边，内侧有1砧形黑棕色斑，前方黑褐色达前缘脉；外横线黑色，自前缘脉后外斜，在M_1脉处折成1圆钝外凸角，其后较直内斜，后端与中横线相遇于翅后缘，外横线前端外方有1黑棕色近三角形斑，后缘钝；端线黑棕色，端区色暗。后翅灰褐色。腹部背面褐灰色，腹面灰黄色。

分布：北京、山东、江苏、湖北、湖南、福建、海南、广西、四川、云南。

1.成虫背面　2.成虫腹面

2013年8月　北京怀柔

37　白线散纹夜蛾　*Callopistria albolineola* (Graeser)

形态：成虫翅展约25毫米。头、胸、前翅黑色杂黄褐色，密布细黑点。前翅基横线白色；内横线黑色，两侧衬白色；外横线白色，两侧衬黑色；亚端线白色，在 $M_1 \sim R_3$ 脉间为2内斜纹，$M_3 \sim M_2$ 脉间为1外斜纹；环纹后端尖，黑色；肾纹黑色白边，中央有黄灰纹，后端外侧有1白点；亚端区各翅脉间有黑斑；端线白色，外侧衬黑色，稍间断；缘毛黑色，基部浅黄，端部黑与淡黄相间。后翅黑铜褐色。腹部暗灰色。

分布：中国北京、黑龙江、河北，日本，西伯利亚。

1.成虫背面　2.成虫腹面

2013年9月　北京怀柔

38　白斑散纹夜蛾　*Callopistria albomacula* Leech

形态：成虫体长约15毫米；翅展26～32毫米。头部及胸部红棕色，头顶及颈板大部黑色，中部各有1横白线；触角基节有白斑，雄蛾触角中部稍粗有鳞簇呈齿形；中足胫节、距及第一跗节有长毛。前翅底色微黄，内、外区带桃红色，其余大部分带黑色；基横线白色，两侧黑色，外弯达A脉；内横线黑色，两侧衬以白色；外横线双线黑色，线间白色，M_3 脉后为细线；环纹窄斜，中央黑色，边缘白色；肾纹白色，中央有黑圈，外半带有红褐色，后端外侧有1小白斑；端线白色，在 M_3 脉处为外突齿；缘毛基部白色。后翅褐色。腹部褐色。

分布：北京、河北、广东、海南、四川。

1.成虫背面　2.成虫腹面

2014年6月　北京延庆

39　弧角散纹夜蛾　*Callopistria duplicana* Walker

　　形态：成虫翅展24～30毫米。头、胸褐杂黑色，头顶及颈板大部黑色，中部各有1白横线，雄蛾触角基部1/5处弯曲成弧状，无鳞齿；中、后足胫节及第一跗节有长毛。前翅棕褐色，翅脉淡黄色，基横线白色，两侧黑色；内横线双线白色，线间黑色；外横线双线黑色，线间白色，外侧较宽红褐色；环纹黑色白边，窄斜；肾纹白色，中央有1黑曲条及1褐曲纹；亚端线黄白色，锯齿形，在M_3脉处齿尖达端线；端线白色。后翅灰棕色，微有黄光。腹部暗褐色。

　　习性：为害低矮草本植物。在河南为害（玉米）、小麦、甘薯、大豆、花生、白菜。

　　分布：中国北京、浙江、四川、山东、江苏、江西、台湾、福建、海南，朝鲜，日本，印度，缅甸。

1.成虫背面　2.成虫腹面

2013年7月　北京怀柔

40　红晕散纹夜蛾　*Callopistria repleta* Walker

　　形态：成虫翅展33～40毫米。头、胸浅褐黄色杂黑色及少许白色。前翅棕黑色间红赭色、褐色和白色；翅脉灰白，但M_3～R_5脉褐黄色；基横线黄白色；内横线、外横线及亚端线白色；剑纹黑色蓝白边；环纹黑色黄边；肾纹乳黄色，中有双黑纹；外横线双线；亚端线内侧1锯齿形黑线。后翅灰褐色。腹部褐黄色。

　　习性：北京8月灯下可见成虫。

　　分布：中国北京、黑龙江、陕西、山西、浙江、四川、河南、湖北、湖南、福建、广西、海南、云南，朝鲜，日本，印度。

1.成虫背面　2.成虫腹面

2014年8月　北京房山

41 　华逸夜蛾　*Caradrina chinensis* Leech

别名：暗逸夜蛾 *Caradrina fusca* (Leech)。

形态：成虫翅展31～36毫米。头、胸灰白杂黑褐色。前翅灰白杂褐色；基横线黑色波曲；内横线褐黑色波浪形外斜，前端为黑点；环纹不显；肾纹窄，黑褐色，内缘有褐点，外缘前后各有浅褐点；中横线、外横线暗褐色，后者锯齿形；亚端线灰白色波浪形；端线黑褐色。后翅褐白；端线黑褐色。腹部灰褐色。

分布：中国北京、四川、云南、西藏，韩国。

1.成虫背面　2.成虫腹面

2013年9月　北京怀柔

42 　蒙逸夜蛾 *　*Caradrina montana* Bremer

形态：成虫翅展32～35毫米。头、胸赭褐色。前翅灰黄杂褐色，基横线、内横线和外横线均为断续的黑点列；环纹不显，肾纹窄，黑褐色；亚端线灰白色微波浪形。后翅褐白，翅脉暗色；端线黑褐色。腹部灰褐色。

分布：中国北京，韩国，蒙古，印度，巴基斯坦，以及欧洲、北美。

1.成虫背面　2.成虫腹面

2013年8月　北京怀柔　＊中国新记录种

43 白肾裳夜蛾 *Catocala agitatrix* Graeser

形态： 成虫翅展52～56毫米。头、胸褐灰色，额有黑斑，颈板灰黄色。前翅褐色带青灰色，基横线黑色达亚中褶；内横线黑色波浪形外斜；中横线模糊褐色；外横线黑色锯齿形；肾纹白色，中有暗环，后方有1黑边的褐灰斑，并以一线与外横线相连；亚端线灰白色锯齿形，两侧暗褐色；端线为1列衬白的黑点。后翅黄色，中带黑色折曲向翅基部，翅后缘具黑纵纹，端带黑色，后方有1黑圆斑。腹部黄褐色，基部稍灰。

分布： 中国北京、黑龙江、河南，日本，俄罗斯。

1.成虫背面　2.成虫腹面

2014年6月　北京怀柔

44 达尼裳夜蛾 *Catocala danilovi* (Bang-Haas)

形态： 成虫翅展约38毫米。前翅灰色，散布黑棕细点，基线、内横线及外横线黑色；基横线仅靠近前缘部分明显；内横线粗，外侧衬灰白边；外横线锯齿形；内横线与外横线之间颜色较浅；端线为1列黑白相间的点。后翅黄色，亚中褶有黑棕条纹；中带黑棕色外弯；端带黑棕色，外缘嵌1列黄色斑，其中顶角的一个最大。腹部深黄褐色。

分布： 中国北京、黑龙江、吉林、辽宁，韩国，俄罗斯。

1.成虫背面　2.成虫腹面

2014年7月　北京怀柔

45　茂裳夜蛾　*Catocala doerriesi* Studinger

形态：成虫翅展约60毫米。头、胸黑棕杂灰白色。前翅灰棕杂灰色，亚中褶基部1黑纹；基横线、内横线及外横线黑色，内横线双线波浪形；肾纹褐灰色，中有黑环，后方有1灰白斑；外横线后半锯齿形，在亚中褶内伸成黑纵条，线内侧1白纹；亚端线白色锯齿形；端线为1列黑点。后翅黄色，中带与端带黑棕色，亚中褶1黑纵条伸达中带。腹部黄褐色。

分布：中国北京、黑龙江、河南、湖北，俄罗斯。

1.成虫背面　2.成虫腹面

2013年7月　北京怀柔

46　缟裳夜蛾　*Catocala fraxini* (Linnaeus)

形态：成虫体长38～40毫米，翅展87～90毫米。头部及胸部灰白色杂黑褐色，颈板中部有1黑色横纹；腹部背面黑色，节间紫蓝色，腹面白色。前翅灰白色，密布黑色细点；基横线黑色；内横线双线黑色，波浪形；肾纹灰白色，中央黑色，后方有1黑边的白斑，一模糊黑线自前缘脉至肾纹；外横侧另一模糊黑线，锯齿形达后缘；外横线双线黑色锯齿形；亚端线灰白色锯齿形，两侧衬黑色；端线为1列新月形黑点，外缘黑色波浪形。后翅黑棕色，中带粉蓝色，外缘黑色波浪形，缘毛白色。

习性：为害杨、柳、榆、槭、桦等。

分布：中国北京、黑龙江，日本，以及欧洲。

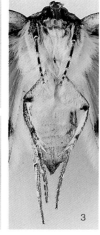

1.成虫背面
2.成虫腹面　3.足

2013年8月　北京延庆

47　　裳夜蛾　　*Catocala nupta* (Linnaeus)

　　形态：成虫体长27～30毫米，翅展70～74毫米。头部及胸部黑灰色，颈板中部有1黑线，腹部褐灰色。前翅黑灰色带褐色；基横线黑色达中室后缘；内横线黑色双线波浪形外斜；外横线黑色，锯齿形，在Cu₂脉内凸至肾纹后；肾纹黑边，中有黑纹；亚端线灰白色，外侧黑褐色，锯齿形；端线为1列黑长点。后翅红色；中带黑色弯曲，达亚中褶；端带黑色，内缘波曲；顶角1白斑；缘毛白色。

　　分布：中国北京、河北、黑龙江、新疆，日本，朝鲜，以及欧洲。

1. 成虫背面　2. 成虫腹面

2013年7月　北京延庆

48　　奥裳夜蛾　　*Catocala obscena* Alpheraky

　　形态：成虫翅展约76毫米。头部与胸部褐灰色杂黑褐色，触角基节灰白，头顶、下唇须大部色黑褐，颈板端部与翅基片基部灰白色，胸部腹面与足灰白色，前、中足跗节外侧黑色，各节间有白斑。前翅褐灰色，密布黑褐细点；基横线仅在中室前可见1黑细线；内横线黑色，内侧衬灰色，波浪形外斜；外横线黑色，自前缘细锯齿形外斜至M₁脉折向内斜，在A脉处内突；环纹不显，肾纹灰色，轮廓不清晰；亚端线不明显，褐灰色，锯齿形，外斜至M₁脉折向内斜；外横线与亚端线间有1黑色外斜纹自前缘脉至M₁脉；端线黑色，波浪形。后翅黄色，中部有1黑带，内缘微波曲外斜，Cu₂脉后折向内斜，外缘在中褶处强外突，其后内斜，带的后端达A脉；端区有1黑带，其内缘外斜至M₃脉折角内斜，其外缘前段不达顶角。腹部褐灰色。

　　分布：中国北京、河北、云南、四川，朝鲜。

1. 成虫背面　2. 成虫腹面

2013年8月　北京平谷

49 蒲裳夜蛾* *Catocala puella* Leech

形态：成虫翅展约45毫米。头部与胸部褐灰色，翅基片边缘有黑纹。前翅褐灰色，散布有黑褐细点；基横线黑色；内横线黑色，微波浪形外斜；肾纹灰黄色，中有黑圈，有不完整的黑边，前、后端开放，前方有1黑色斜纹；外横线黑色，自前缘脉后外斜，在M_1脉折向后，在3～5脉间弯成半圆形，在肾纹后回返，在A脉处成1外凸齿；亚端线灰色，细锯齿形；端线由1列黑点组成。后翅黄色，亚中褶有黑棕散纹；中带黑棕色外弯；端带黑棕色，内缘细锯齿形，外缘嵌1列小黄斑。腹部深黄棕色。

分布：中国北京，韩国。

1. 成虫背面　2. 成虫腹面

2014年8月　北京怀柔　*中国新记录种

50 维夜蛾 *Chalconyx ypsilon* (Butler)

形态：成虫翅展31～40毫米。头部褐黄，胸部灰色，有黑褐细点。前翅灰色，布有黑褐细点；基横线黑色，仅前端及中室处可见；内横线、中横线、外横线均黑色，前者细弱，波浪形，中横线带状，后端与外横线相交合成Y形，外横线锯齿形，后半内弯，外方有褐色光泽；无剑纹与环纹，肾纹白色，中凹；亚端线黑色，外侧衬灰白色，锯齿形。后翅污褐色。腹部暗灰带褐色。

分布：中国北京、河北、陕西、浙江，日本。

1. 成虫背面　2. 成虫腹面

2013年8月　北京怀柔

51　白夜蛾　*Chasminodes albonitens* (Bremer)

形态：成虫体长约14毫米，翅展约33毫米。全体白色，前翅中室端部有几个小黑点，翅外缘有1列小黑点。

分布：中国北京、黑龙江、河北、陕西、山西、江苏、浙江、湖南，朝鲜，日本。

1.成虫背面　2.成虫腹面

2013年8月　北京怀柔

52　金斑夜蛾　*Chrysaspidia festucae* (Linnaeus)

形态：成虫体长约17毫米；翅展约38毫米。头部及颈板褐红带黄，胸背红棕色，腹部淡赭黄色，基部毛簇棕色。前翅棕色带黄，基部、后缘区、端区带金色并布有红棕细点，内横线、外横线暗棕色，Cu_2脉基部有1斜方形金斑及1扁圆金斑，前者伸入中室，近顶角1斜尖金斑，其外缘暗棕色，亚端线暗棕色，从斜斑中穿过；各翅脉棕色，但在中部二斑内不显；缘毛紫灰色。后翅淡灰褐色。

习性：为害稻及杂草。

分布：中国北京、黑龙江、江苏、新疆，以及欧洲。

1.成虫背面　2.成虫腹面

2014年9月　北京昌平

53 客来夜蛾 *Chrysorithrum amata* (Bremer et Grey)

形态：成虫翅展64～67毫米。头部与胸部深褐色，颈板端部灰黄色。前翅灰褐色，密布棕色细点；基线白色，自前缘脉外斜至中室折角内斜至A脉；内横线白色，自前缘脉微曲外斜至中室后折角内斜，基横线与内横线之间深褐色，成1宽带，但不达翅后缘；环纹只现1黑色圆点，肾纹不显；中横线细，外弯，前端外侧色暗褐；外横线黄色，在Cu_1脉处回升至中室顶角再后行；亚端线灰白色，M_3脉后明显内弯，与外横线之间暗褐色，在M_1脉前成1斗状斑。后翅暗褐色，中部1橙黄曲带，顶角1黄斑，臀角1黄纹。腹部灰褐色。

习性：为害胡枝子。

分布：中国北京、黑龙江、内蒙古、辽宁、浙江、河北、陕西、山东、河南、福建、云南，朝鲜，日本。

1. 成虫背面　2. 成虫腹面

2014年6月　北京延庆

54 筿客来夜蛾 *Chrysorithrum flavomaculata* Bremer

形态：成虫翅展50～53毫米。头、胸及前翅暗褐色。前翅基部、中区及端区带有灰色；基横线灰色，外弯，自前缘脉至中室后缘，翅后缘区近基部有1黑斑；内横线灰色，自前缘脉后微波曲外斜，至中室后外凸，A脉处内凸，后端折向内前方近达A脉再内斜；基横线与内横线之间深棕色；环纹小，近圆形，黑色灰边；中横线黑色，微曲外斜；外横线灰色，在Cu_1脉处回升至中室顶再后行；亚端线灰色衬黑褐色，与外横线之间棕黑色，前段似斗形；翅外缘1列黑点。后翅暗褐色，中部1橙黄大斑。腹部暗褐色带灰色。

习性：为害豆科植物。北京7月可见成虫。

分布：中国北京、黑龙江、吉林、内蒙古、河北、陕西、浙江、云南，日本，朝鲜，俄罗斯。

1. 成虫背面　2. 成虫腹面

2013年7月　北京密云

55 清流夜蛾 *Chytonix latipennis* Draudt

形态：成虫翅展约30毫米。虫体灰褐色。前翅基部与内、外横线间深褐色；内横线白色衬黑，波浪形外弯；环纹、肾纹白色黑边，环纹后有1斜圆白斑；肾纹内有褐纹；外横线白色，内侧衬黑；亚端线白色锯齿形，翅外缘1列黑点。

分布：北京、山东、浙江、江苏、湖南、福建。

1.成虫背面　2.成虫腹面

2014年7月　北京怀柔

56 圆点夜蛾 *Condica cyclica* (Hampson)

形态：成虫翅展约27毫米。头、胸、腹及前翅暗褐色。前翅基部有1白纹，基横线、内横线白色，后者波浪形，有白点；剑纹为1白点，环纹黑褐色白边，肾纹中央白色新月形，有白点环绕；外横线黑褐色锯齿形，齿尖有白点；亚端线为1列白点，翅外缘有1列白点。后翅褐色。

分布：中国北京、河北，日本。

1.成虫背面　2.成虫腹面

2014年7月　北京怀柔

57　小兜夜蛾　*Cosmia exigua* (Butler)

　　形态：成虫翅展30～40毫米。头、胸及腹部灰褐色。前翅浅红褐色；基横线浅褐色；内横线黑色直线外斜；中横线粗，暗褐色，中部折角；外横线黑褐，外侧衬黄灰色，中部折角，后半直垂；环纹褐黄色；肾纹黄褐色较窄；亚端线黄色，中段外弯；翅外缘1列黑点。后翅褐色。

　　分布：中国北京、黑龙江、新疆、河南、湖北，日本。

1. 成虫背面　2. 成虫腹面

2013年8月　北京怀柔

58　凡兜夜蛾　*Cosmia moderata* (Staudinger)

　　形态：成虫翅展约38毫米。头、胸及前翅浅赭褐色。前翅端区大部褐色；基横线不显；内横线黑褐色直线外斜；环纹、肾纹不显；中横线粗，褐色，中部折角；外横线黑色，曲度近中横线；亚端线浅褐色，后段外斜达臀角，中段外侧黑色。后翅赭黄，端区1黑褐宽带。腹部黄褐色。

　　分布：中国北京、黑龙江、河南、云南，韩国，日本，俄罗斯。

1. 成虫背面　2. 成虫腹面

2013年7月　北京密云

59　兜夜蛾　*Cosmia* sp.

形态： 成虫翅展约20毫米。头部和胸部灰黄白色；腹部灰褐色，基部色浅。前翅灰黄色，前缘基部1/3和2/3处各有1个小黑斑；内横线模糊；外横线斜直，从顶角伸到后缘3/4处。后翅浅灰黄色，无斑纹。

分布： 北京。

1.成虫背面　2.成虫腹面

2014年7月　北京怀柔

60　亮兜夜蛾　*Cosmia trapezina* (Linnaeus)

形态： 成虫翅展约38毫米。头、胸及前翅浅黄褐色。前翅中区与端区带红褐色；基横线不显；内横线褐色，内侧衬白，直线外斜；环、肾纹褐色，外围黄色环；中横线暗褐模糊，后半直，后端与内横线相遇；外横线黑褐，外侧衬灰白色；亚端线不明显，翅外缘1列黑点。后翅浅褐黄色，端区烟褐色，外缘1列黑弧线。腹部灰褐色。

习性： 为害榆。

分布： 中国北京、黑龙江，韩国，以及欧洲。

1.成虫背面　2.成虫腹面

2013年8月　北京怀柔

61　一色兜夜蛾　*Cosmia unicolor* (Staudinger)

形态：成虫翅展21～34毫米。头部褐色杂灰赭色，胸部褐色杂赭黄色。前翅灰褐色，有赭黄细点；基横线、内横线、中横线及外横线褐色，内横线直，中、外横线中部折角；环纹为1褐点；肾纹不清晰，内、外缘凹；亚端线灰色，中段外弯；翅外缘1列黑点。后翅褐色，端区色暗。腹部褐灰色。

分布：中国北京、黑龙江、内蒙古、陕西，俄罗斯。

1.成虫背面　2.成虫腹面

2013年8月　北京怀柔

62　瓯首夜蛾　*Craniophora oda* Latin

形态：成虫体长约14毫米，翅展约31毫米。头部与胸部灰白色杂暗褐色，下唇须第二节外侧大部黑色；足胫节有黑斑，跗节黑色，各节端部白色；腹部褐黄色。前翅灰白色，部分杂有暗褐色；翅基区在亚中褶至前缘脉间带黑色，成1近三角形斑；基横线只现双条黑点列；内横线双线，微曲外斜，内一线极弱，外一线黑色明显，线外方黑色，成1带状；环纹小，黑色圆形；肾纹淡褐黄色，有不完整的黑边；外横线双线黑色，细锯齿形外弯；亚端线模糊，前端内侧有黑褐云；亚中褶处有1浓黑纵条；端线内侧1列黑点，端线细，黑色；缘毛黑褐色与白色相间。后翅淡褐色，端区暗褐色，缘毛基部黄白色。

分布：中国北京、黑龙江、江西，俄罗斯，日本，朝鲜。

1.成虫背面　2.成虫腹面

2014年6月　北京延庆

63 洋首夜蛾 *Craniophora* sp.

形态： 成虫翅展约40毫米。头部和胸部暗黄褐色，触角黑褐色。前翅褐色，密布黑褐色鳞片，尤以前缘区居多；内横线几乎直，黑褐色，内侧衬浅黄褐色边；外横线锯齿状，浅黄褐色；端线黑褐色。后翅暗褐色，外横线浅黄褐色，不太清晰；端线浅黑褐色。

分布： 北京。

1.成虫背面　2.成虫腹面

2013年7月　北京怀柔

64 银纹夜蛾 *Ctenoplusia agnata* (Staudinger)

形态： 成虫体长15～17毫米，翅展32～36毫米。头部、胸部及腹部灰褐色。前翅深褐色，外横线以内的亚中褶后方及外区带金色；基横线、内横线银色，Cu_2脉基部1褐心银斑，其外后方1银斑；肾纹褐色，外横线双线褐色波浪形，亚端线黑褐色锯齿形，缘毛中部1黑斑。后翅暗褐色。

习性： 为害大豆及十字花科植物。

分布： 中国，俄罗斯，日本，朝鲜。

1.成虫背面　2.成虫腹面

2013年8月　北京顺义

65 碧银装冬夜蛾 *Cucullia argentea* (Hufnagel)

形态：成虫体长约16毫米，翅展约36毫米。头部褐色，胸部白色，颈板基部及端部、翅基片外缘及后胸毛簇褐色；腹部白色，基部几节背面赭黄色。前翅银白色。前、后缘各有1灰绿色纵纹，各横线为灰绿色宽条；基横线内斜至中室；内横线内斜至A脉；外横线外斜至M_1脉间断，再从5脉内斜至后缘；内、外横线间在中脉及A脉各有1灰绿纵纹相连，中横线内弯至外横线$Cu_2 \sim Cu_1$脉间；亚端线内斜，端线细，黑色。后翅白色，端区带有褐灰色。

分布：中国北京、河北、黑龙江、新疆，日本，以及欧洲。

1.成虫背面　2.成虫腹面

2013年8月　北京平谷

66 嗜蒿冬夜蛾 *Cucullia artemisia* (Hufnagel)

形态：成虫翅展雄蛾43毫米。头、胸暗褐色杂灰色。前翅灰褐色，部分灰色，翅脉纹黑色，亚中褶1黑纵纹，翅基部一小白斑；基横线、内横线、中横线及外横线均黑色，内、外线锯齿形；剑纹外端一白斑；环纹、肾纹灰色，后者后端稍内突；亚端线不清晰，锯齿形，顶角一灰斜纹。后翅黄白，翅脉与端区褐色。腹部褐灰色微黄。

习性：为害蒿属植物。

分布：中国北京、黑龙江、新疆、河北，以及欧洲。

1.成虫背面　2.成虫腹面

2014年8月　北京怀柔

67 莴苣冬夜蛾 *Cucullia fraterna* Butler

形态： 成虫翅展约46毫米。头、胸灰色。前翅灰色带褐色，翅脉黑色，亚中褶基部1黑纵纹，内横线黑色锯齿形，中横线暗褐色；肾纹不明显，后方1黑褐纹；外横线不完整；亚端区1列黑纵纹，自M₃脉至顶角，Cu₂脉后1黑斜纹。后翅黄白色，翅脉及端区褐色。腹部褐灰色。

习性： 为害莴苣。

分布： 中国北京、吉林、辽宁、浙江，日本，以及欧洲。

1. 成虫背面　2. 成虫腹面

2014年6月　北京顺义

68 蒿冬夜蛾 *Cucullia fraudatrix* Eversmann

形态： 成虫翅展约36毫米。头、胸灰褐色。前翅灰褐色，前缘区基部灰白色；亚中褶基部1黑纵纹；内横线黑色，内侧衬白，外侧亦带白色；环纹、肾纹灰色，后者后端外突；外横线暗灰色波浪形；亚端线灰色，前端内侧微黑，M₃脉前及Cu₂脉后各1黑纵纹穿过。后翅黄白，带灰褐色。腹部褐黄带灰色。

习性： 寄主为莴苣。

分布： 中国北京、吉林、辽宁、浙江，日本，以及欧洲。

1. 成虫背面　2. 成虫腹面

2014年8月　北京怀柔

69　库冬夜蛾　*Cucullia kurilullia* Bryk

形态：成虫翅展40 ~ 44毫米。头、胸灰色杂暗褐色。前翅褐灰色带红褐色，前缘区带黑褐色，翅脉黑色；亚中褶基部有1黑线；内横线不明显；环纹、肾纹大，中凹，灰白色；外横线不明显，在翅后缘有1内伸的黑纹；亚端区有隐约斜纹，Cu_2脉端部后有1黑纹，M_3脉前有1黑纹。后翅浅灰色，外缘区淡红褐色。

分布：中国北京、西藏，朝鲜，日本，俄罗斯，蒙古。

1. 成虫背面　2. 成虫腹面

2014年8月　北京怀柔

70　斑冬夜蛾　*Cucullia maculosa* Staudinger

形态：成虫翅展约42毫米。头、胸灰色。前翅灰色微带紫色，基横线仅前端现双黑纹，内横线黑色锯齿形，亚中褶基部1黑纵纹，剑纹外方有1黑斑，环纹黄白色，肾纹灰色，各纹均黑边，外横线黑色衬白色，亚端区1列暗褐纵纹，端区翅脉黑色。后翅白色微褐。腹部浅黄灰色。

分布：中国北京、河北、黑龙江，日本，俄罗斯。

1. 成虫背面　2. 成虫腹面

2014年9月　北京怀柔

71 银白冬夜蛾　*Cucullia piatinea* Ronkay et Ronkay[=*C. nitida* (Chen)]

形态：成虫翅展约35毫米。头、胸白色，颈板有灰褐纹。前翅银白色，前、后缘灰黄；环纹、肾纹由灰黄鳞组成，鳞片端部黑色；翅外缘1列黑点。后翅白色，端部带污褐色。腹部白色微带褐色。

分布：北京、甘肃。

1. 成虫背面　2. 成虫腹面

2013年8月　北京怀柔

72 内冬夜蛾　*Cucullia scopariae* Dorfmeister

形态：成虫翅展约36毫米。头、胸灰色杂褐色，颈板有白横条。前翅褐色，前缘区基部带白色；基横线、内横线黑褐色，后者双线波浪形；环纹、肾纹褐色有白环和黑边，中横线黑色波浪形，外横线黑褐色波浪形；亚端线灰白，前段内侧1黑纹。后翅黄白色，翅脉与端区微褐。腹部赭黄色。

习性：为害扫帚艾。

分布：中国北京、黑龙江，以及欧洲。

1. 成虫背面　2. 成虫腹面

2014年8月　北京顺义

73 三斑蕊夜蛾 *Cymatophoropsis trimaculata* (Bremer)

形态：成虫翅展约35毫米。头部黑褐色，胸部白色，颈板基部黑褐色，前翅基片端半部及后胸褐色，足黑褐色，跗节各节间灰白色。前翅黑褐色，密布褐黑色波曲细纹；翅基部有1大白斑，大部带褐色并布有黑色波曲细纹，斑的外缘微波浪形，自前缘脉外斜弯，亚中褶后内斜；顶角有1近圆形白斑，大部带褐色；臀角有1近扁圆形白斑，大部带褐色并布有黑褐细纹；翅外缘在Cu_1脉后有1白点，缘毛黑褐色杂褐灰色，中有1黑线；顶角处缘毛端部白色。后翅褐色，端区色暗，隐约可见暗褐色横脉纹及外横线。腹部灰褐色，基部背面及腹端均带有白色。

习性：北京1年1代，以老熟幼虫入土筑室化蛹越冬。成虫5月可见，有趋光性，产卵于叶鞘。幼虫为害鼠李，白天栖息于枝条，夜间取食。

分布：中国北京、黑龙江、河北、山东、湖南、福建、广西、云南，日本，朝鲜。

1.成虫背面　2.成虫腹面

2014年7月　北京怀柔

74 中金弧夜蛾 *Diachrysia intermixta* Warren

别名：中金翅夜蛾。

形态：成虫翅展约37毫米。头部及胸部红褐色，翅基片及后胸褐色，腹部黄白色，基节毛簇褐色。前翅棕褐色，基横线与内横线灰色，环纹斜，细灰边，肾纹灰色细边，一大金斑自前缘外部1/4至亚中褶并内伸至环纹后端，亚端线褐色。后翅基半部微黄，端半部褐色。

习性：为害胡萝卜、菊、蓟、牛蒡等。

分布：中国北京、河北、陕西、福建、四川，印度，越南，印度尼西亚。

1.成虫背面　2.成虫腹面

2013年8月　北京怀柔

75　娜金弧夜蛾　*Diachrysia nadeja* (Oberthür)

别名：碧金翅夜蛾 。

形态：成虫体长约18毫米，翅展约40毫米。头部淡黄色，胸部暗褐色，具褐色毛簇；翅基片及胸部后缘褐色；腹部淡褐色。前翅紫褐灰色，内外区各1金绿色宽带，并在亚中褶以1金绿色宽纵条相连，成斜"工"字形大斑，亚端线褐色波曲；后翅淡褐色，略带黄色。

习性：北京7、8月灯下可见成虫，为害蓼科的虎杖、菊科的刺儿菜。

分布：中国北京、陕西、甘肃、青海、内蒙古、黑龙江、吉林、河北，日本，朝鲜，俄罗斯。

1.成虫背面　2.成虫腹面

2014年7月　北京顺义

76　普卓夜蛾　*Dryobotodes pryeri* (Leech)

别名：黄绿毛眼夜蛾［*Blepharita praetermissa* (Draudt)］。

形态：成虫翅展约37毫米。头部褐灰色杂少许黑褐色；下唇须的外侧黑色杂灰色；颈板基半部浅黄绿色杂黑色，端部灰色杂黑色，近中部有1黑弧线；胸部背面灰色杂黄绿色及少许黑色。前翅黄绿色，布有黑色细点；基横线双线黑色，波浪形，自前缘脉至A脉；内横线双线黑色，不规则波浪形外斜，内一线弱；剑纹稍大，黑边，其外侧有1双齿形黄白斑伸达外横线；环纹大，轮廓不清，黄白色，可见中央黑圆圈；肾纹模糊，浅黄绿色，中有褐纹；外横线黑色，深锯齿形外弯，M_3脉后内弯；亚端线不明显，黄白色，在R_5脉前外突，中段外弯；翅外缘有1列新月形黑纹。后翅白色，隐约可见褐黑色外横线与亚端线，翅脉纹微黑，端线黑色。腹部灰色，端部背面色暗。

分布：中国北京、浙江、陕西，朝鲜，日本，俄罗斯。

1.成虫背面　2.成虫腹面

2013年7月　北京延庆

77　暗翅夜蛾　*Dypterygia caliginosa* (Walker)

形态：成虫翅展35～44毫米。头、胸、腹黑褐色；前翅黑褐色，外横线外方前半及M$_3$脉后浅褐色，后缘区有1浅褐纵纹；基横线、内横线及外横线黑色，内横线波浪形，外横线锯齿形，内横线内方的A脉前后各1黑纹；剑纹、环纹及肾纹大，黑褐色，亚端线灰白色锯齿形。后翅棕褐色。

分布：中国北京、河北、陕西、湖北、湖南、浙江、福建、海南、贵州、云南，日本。

1.成虫背面　2.成虫腹面

2014年7月　北京延庆

78　满巾夜蛾　*Dysgonia mandschuriana* (Staudinger)

别名：东北巾夜蛾。

形态：成虫前翅长21毫米，体背及前翅灰褐色。前翅具3个明显的黑斑，黑斑外缘具灰白色细线，而内侧色较浅；基斑的外缘山峰形，位于中部的下方；中斑外缘有2个峰；顶角处的黑斑较小；外缘常具黑色小点列，各黑点位于脉间。

习性：北京4月及6～8月灯下可见成虫。幼虫取食大戟科一叶荻。

分布：中国北京、河北、吉林、山东，日本，朝鲜，俄罗斯。

1.成虫背面　2.成虫腹面

2013年8月　北京平谷

79　井夜蛾　*Dysmilichia gemella* (Leech)

形态：成虫翅展32～34毫米。头、胸黄褐色。前翅棕色，基横线为3个黄白点；内横线为1列黄白圆斑；环纹、肾纹白色，后者外半有1褐线；外横线由双列白斑组成，前端外侧另有2白斑；亚端线前端为几个白点，后端为1白曲纹。后翅浅褐色。腹部褐黄色。

分布：中国北京、黑龙江、河北、浙江、福建，朝鲜，日本。

1.成虫背面　2.成虫腹面

2013年8月　北京平谷

80　粉缘钻夜蛾　*Earias pudicana* Staudinger

别名：柳金刚钻、粉缘金刚钻、一点金刚钻。

形态：成虫体长约8毫米，翅展约23毫米。头与颈板黄白色带青色，翅基片及胸背白色带粉红。前翅绿黄色，前缘约2/3白色带粉红色，外缘毛褐色。后翅白色。腹部白色。有些个体前翅前缘从基部到2/3处有1粉白条纹，中室有1褐色圆点，曾定名为一点钻夜蛾（*Earias pudicana pupillana* Staudinger），系与*Earias pudicana* Staudinger同属一种。

习性：为害毛白杨、柳。

分布：中国北京、河北、黑龙江、辽宁、山西、宁夏、河南、山东、江苏、浙江、湖北、湖南、江西，朝鲜，日本，俄罗斯，印度。

1.粉缘钻夜蛾成虫背面　2.粉缘钻夜蛾成虫腹面
3.一点钻夜蛾成虫背面

2014年6月　北京顺义

81　钩白肾夜蛾　*Edessena hamada* Felder et Rogenhofer

别名：肾白夜蛾。

形态：成虫体长约17毫米，翅展40毫米。虫体灰褐色。前翅内横线暗褐色；肾纹白色，后半向外折而突出；外横线暗褐色波浪形，亚端线暗褐色波浪形，两线曲度相似。后翅横脉纹暗褐色，后半为1白点，外横线暗褐色，微外弯，亚端线暗褐色。

分布：中国北京、河北、山东、安徽、江苏、浙江、上海、江西，日本。

1.成虫背面　2.成虫腹面

2014年7月　北京怀柔

82　谐夜蛾　*Emmelia trabealis* (Scopoli)

形态：成虫翅展19～22毫米。头、胸暗赭色，额黄白色，颈板基部黄白，其余红褐色，胸背有浅黄纹，跗节有褐斑。前翅淡黄色至黄色，中室后缘及A脉上各有1黑色纵条伸至外横线，内、中、外区的前缘脉上各有1黑色小斑，中室中部及端部各有1椭圆形黑斑；外横线黑灰色，在前缘脉处为小斑点，M₁脉后成不规则波浪形带，内斜至亚中褶折向外斜；亚端区前缘脉上有1黑斑，伸至顶角，其后有间断的黑斑纹。后翅烟褐色。腹部黄白带褐色。

习性：为害甘薯、田旋花。

分布：中国北京、河北、黑龙江、内蒙古、新疆、江苏、广东，朝鲜，日本，以及亚洲西部、欧洲、非洲。

1.成虫背面　2.成虫腹面

2013年8月　北京平谷

83 鸽光裳夜蛾 *Ephesia columbina* (Leech)

形态：成虫翅展约49毫米。头与颈板黑棕杂少许灰色，胸背暗灰微带棕色。前翅铅灰微带浅褐色；基横线与外横线黑色；内横线灰色波浪形，外侧1粗黑条；肾纹黑色，后方1灰斑，外侧有几个黑齿纹；中横线黑棕色带状；外横线锯齿形；亚端线灰色，内侧黑褐色，外侧有2黑褐影。后翅黄色，中带与端带黑色，亚中褶有黑褐纹。腹部暗黄褐色。

分布：北京、河南、湖北、浙江、四川。

1.成虫背面　2.成虫腹面

2014年8月　北京怀柔

84 栎光裳夜蛾 *Ephesia dissimilis* (Bremer)

形态：成虫翅展约50毫米。头、胸黑棕色。前翅灰黑色，内横线以内色深；基横线黑色；内横线粗，黑色，内侧衬灰色，外侧1灰白斜斑；肾纹不清晰；外横线黑色锯齿形，自 M_1 脉后内斜，但在 Cu_2 脉处内伸至肾纹后端再返回，凹入处白色明显，外侧衬白色；亚端线白色锯齿形，两侧衬黑色；端线为黑白并列的点组成。后翅黑棕色，顶角白色。腹部暗褐色。

习性：为害蒙古栎。

分布：中国北京、黑龙江、内蒙古、甘肃，印度，以及欧洲。

1.成虫背面　2.成虫腹面

2013年8月　北京怀柔

85　光裳夜蛾东方亚种　*Ephesia fulminea chekiangensis* Mell

形态：成虫翅展51～54毫米。头、胸紫灰色，头顶与颈板大部黑棕色。前翅紫灰带棕色，内横线内方色暗，基横线、内横线及外横线黑色，内横线前半外侧1外斜灰带，肾纹灰色，外侧有几个黑齿纹，前方1黑棕斜条；外横线在Cu$_2$脉处内突至肾纹后，回旋成勺形，外侧1褐线；亚端线灰色，后半锯齿形，近顶角1黑棕纹，其中的翅脉黑色。后翅黄色，中带与端带黑色，端带后部窄缩。腹部褐灰色。

分布：北京、黑龙江、浙江。

1.成虫背面　2.成虫腹面

2013年7月　北京怀柔

86　桃红猎夜蛾　*Eublemma amasina* Eversmann

形态：成虫翅展17～25毫米。头部淡黄色；下唇须外侧桃红色，胸部淡黄色，中足胫节桃红色。前翅淡赭黄色，中横线至亚端线之间大部带桃红色，前缘区近基部桃红色；中横线白色，内侧衬淡褐色，不明显，在中褶与亚中褶处均外凸；外横线不明显，暗褐色，自前缘脉外弯至M$_3$脉后内斜，前段外方有1淡黄色斑；亚端线白色，稍有间断，前段有几个小黑点，在R$_5$脉处外凸，中段外弯；缘毛桃红色。后翅褐色，缘毛黄色，端部桃红色。腹部淡褐黄色。

习性：为害菊科植物。

分布：中国北京、黑龙江、河北、陕西、江苏、湖北，朝鲜，日本，以及欧洲。

1.成虫背面　2.成虫腹面

2014年5月　北京大兴

87　灰猎夜蛾　*Eublemma arcuinna* (Hübner)

形态： 成虫翅展27～29毫米。头、胸浅褐灰色。前翅灰褐色，内横线、外横线黑色波浪形，内横线前端黑点状，外横线外侧衬灰白色；中横线黑褐色，外侧衬白色，内侧模糊黑色；亚端线微白，内侧衬黑色，与外横线间有1黑色波浪形线，不清晰；端线为1列黑长点。后翅黑褐色，中横线黑色模糊，外横线仅前半可见，亚端线白色模糊；端线黑色，内侧Cu_1、M_3脉间1黑褐斑。腹部浅褐灰色。

分布： 中国北京、黑龙江、内蒙古、新疆、河北、陕西、山东，朝鲜，伊朗，土耳其，以及亚洲西部、欧洲。

1. 成虫背面　2. 成虫腹面

2014年8月　北京怀柔

88　麟角希夜蛾　*Eucarta virgo* (Treitschke)

形态： 成虫翅展约27毫米。头、胸黄褐色。前翅紫灰褐色；内横线白色外斜，后端与外横线相遇于后缘，内侧衬棕色；环纹白色，斜圆形，前方有1白纹，肾纹白色，外半稍带浅红色；肾纹外黑棕色；外横线白色，两侧衬黑棕色，曲度与翅外缘相似，与肾纹间有1模糊黑棕线；亚端线白色，端区浓褐色。后翅褐白色。腹部浅褐色。

习性： 为害榆。

分布： 中国北京、黑龙江、内蒙古、湖北，朝鲜，日本，以及欧洲。

1. 成虫背面　2. 成虫腹面

2014年7月　北京怀柔

89　凡艳叶夜蛾　*Eudocima fullonia* (Clerck)

形态：成虫翅展93～96毫米。头、胸赭褐色。前翅赭褐色，翅脉有细黑点，基横线、内横线黑褐色较直，肾纹不明显，外横线微曲内斜，内横线、外横线之间暗褐色；亚端线微黄，自顶角直线内斜，后半不明显，中段外侧带暗绿色。后翅橘黄色，中部1黑曲条，端区1黑宽带，前端内展近翅基部，后端达Cu_2脉；内缘锯齿形；腹部褐黄色。

习性：为害木通。成虫吸食多种水果的果汁。

分布：中国北京、黑龙江、山东、江苏、浙江、湖南、台湾、福建、广东、海南、广西、四川、云南、朝鲜、日本，以及大洋洲、非洲。

1.成虫背面（前翅残）　2.成虫腹面（前翅残）

2014年8月　北京顺义

90　东风夜蛾　*Eurois occulta* (Linnaeus)

形态：成虫翅展53～57毫米。头、胸灰色杂褐色。前翅灰白色带褐并密布细黑点，基部1小黑斑，亚中褶基部1黑纵纹，基横线、内横线及外横线均双线黑色，剑纹、环纹及肾纹白色黑边，肾纹中有黑环，外横线锯齿形，双线间白色，亚端线白色，内侧1列黑楔形纹，端线为1列黑点。后翅褐色，缘毛白色。腹部褐灰色。

习性：为害报春及蒲公英属植物。

分布：北京、黑龙江。

1.成虫背面　2.成虫腹面

2014年8月　北京怀柔

91 **清文夜蛾** *Eustrotia candidula* (Denis et Schiffermüller)

形态：成虫翅展20毫米。头、胸白色杂少许褐色。前翅白色；基横线、内横线及外横线均双线黑色；基横线外侧1大黑褐斑，内横线后端内侧有黑褐纹；环纹为2黑点；肾纹灰色白边，周围有小黑斑，内侧1褐斜条伸至前缘脉，外侧及前方亦褐色；外横线锯齿形，外侧M_1脉处1黑斑；亚端区1浅褐带，前宽后窄，波曲，前缘有白斑点；端线为1列黑点。后翅浅褐黄色，外横线褐色。

分布：中国北京、河北、黑龙江、新疆，朝鲜，日本，蒙古，土耳其，以及欧洲。

1.成虫背面　2.成虫腹面

2014年7月　北京怀柔

92 **钩尾夜蛾** *Eutelia hamulatrix* Draudt

形态：成虫翅展31～33毫米。头部及胸部黑色杂灰白色；前胸背面有褐色。前翅灰白色，密布黑色细点；基横线黑色外弯至中室；内横线双线黑色，微外弯；环纹白色黑边；肾纹白色黑边，中有褐纹；外横线双线黑色，在M_1脉成外突齿，在Cu_1、M_3脉稍外突，后半外侧白色及褐色；亚端线双线白色，内一线大波浪形外斜至Cu_1脉端部，内侧Cu_1～M_2脉间为1新月形黑斑；外一线微波浪形外斜至M_3脉端部，内侧M_1脉处有1黑斑；端线为1列新月形黑点，均围以白色。后翅淡褐色，向端区渐暗，外横线、亚端线微白，仅后部可见。腹部褐色。

分布：中国北京、陕西、河南、安徽、浙江、四川，韩国。

1.成虫背面　2.成虫腹面

2014年8月　北京怀柔

93 　岛切夜蛾　*Euxoa islandica* (Staudinger)

形态：成虫翅展38毫米。头、胸褐色。前翅褐色稍暗，并布有细黑点；前缘区、后缘区及外横线与亚端线间色浅；基横线、内横线黑色，有1黑斑相连于亚中褶；环纹、肾纹灰色；环纹、肾纹间1黑斑；剑纹灰黑色；中横线黑色；亚端线浅褐色锯齿形，内侧1列黑齿纹。后翅浅褐色，端区暗。腹部灰褐色。

分布：中国北京、黑龙江、青海，蒙古，以及欧洲。

1.成虫背面　2.成虫腹面

2013年8月　北京怀柔

94 　厉切夜蛾　*Euxoa lidia* (Cramer)

形态：成虫翅展36毫米。头、胸红棕色。前翅棕褐色，前缘区密布白色细点；基横线与亚端线灰白色，内横线与外横线黑色，外横线与亚端间较灰，剑纹暗褐色，环纹、肾纹灰白色黑边，中央暗褐色，亚端区有尖齿形黑纹于$Cu_2 \sim M_2$脉间。后翅浅褐色。腹部褐色。

分布：中国北京、黑龙江、内蒙古、甘肃，印度，以及欧洲。

1.成虫背面　2.成虫腹面

2014年8月　北京怀柔

95 　白边切夜蛾　*Euxoa oberthuri* (Leech)

别名：白边切根虫。

形态：成虫翅展40毫米。头、胸褐色。前翅褐色，中区和端区色暗；前缘区浅褐灰色；基横线、内横线双线黑色，线间黄白；剑纹三角形；环纹、肾纹灰色，两纹间黑色；外横线黑色；亚端线浅褐色，前端及中段内侧有锯齿形黑纹。后翅浅褐色，端区色暗。腹部黑褐色。

习性：为害粟、高粱、玉米、大豆、甜菜。

分布：中国北京、黑龙江、吉林、内蒙古、河北、四川、云南、西藏，朝鲜，日本。

1.成虫背面　2.成虫腹面

2014年6月　北京延庆

96 　寒切夜蛾　*Euxoa sibirica* (Boisduval)

形态：成虫翅展38毫米。头、胸暗红褐色。前翅暗红棕色，基横线、内横线及外横线均双线黑色；中横线黑色；亚端线浅褐色，内侧色暗，外侧黑色；剑纹窄小；环纹、肾纹红棕色黑边，肾纹中央1黑曲纹。后翅灰褐色。腹部暗褐色。

分布：中国北京、黑龙江、西藏，朝鲜，日本。

1.成虫背面　2.成虫腹面

2013年7月　北京怀柔

97 黑麦切夜蛾 *Euxoa tritici* (Linnaeus)

形态： 成虫翅展34毫米。头、胸褐色。前翅黑褐色；基横线白色内衬黑色；内横线黑色内衬白色；中脉白色；剑纹长舌形，环纹、肾纹浅褐色有白环，两纹间黑色；外横线锯齿形，齿尖为黑点；亚端线波浪形，内侧1列黑齿纹。后翅黄白色；腹部浅褐色。

分布： 中国北京、黑龙江、内蒙古、新疆、河北、西藏，蒙古，土耳其，以及欧洲。

1.成虫背面　2.成虫腹面

2013年9月　北京怀柔

98 梳跗盗夜蛾 *Hadena aberrans* (Eversmann)

形态： 成虫翅展30毫米。头部褐色，颈板及胸背白色微带褐色。前翅乳白色，内横线内侧及外横线外侧带有褐色；基横线黑色只达亚中褶；内横线双线黑色波浪形；剑纹黑边；环纹斜圆形白色黑边，中央大部褐色，后端开放；肾纹白色，中有黑曲纹，黑边，内缘黑色较向内扩展，后端外侧有1黑斑达外横线；外横线双线黑色锯齿形；亚端线白色微波浪形，内侧$Cu_1 \sim M_2$脉间有2齿形黑点。后翅与腹部浅褐色。

分布： 中国北京、黑龙江、陕西、山东，日本。

1.成虫背面　2.成虫腹面

2014年7月　北京延庆

99 齿斑盗夜蛾 *Hadena dealbata* (Staudinger)

形态：成虫翅展36毫米。头、胸、腹部褐色。前翅黑褐色，翅脉纹黑色；基、内横线均双线黑色波浪形，基横线线间白色，内横线后端双线间及两侧各1白斑；剑纹小，环、肾纹白色，环纹前方1白斑；外横线双线黑色锯齿形，前端及后段线间白色；亚端线白色锯齿形。后翅浅褐色，外横线、亚端线后半可见。腹部褐色。

分布：中国北京、四川、云南，日本，以及外高加索地区。

1. 成虫背面 2. 成虫腹面

2013年7月 北京怀柔

100 中赫夜蛾 *Hadjina chinensis* (Wallengren)

形态：成虫翅展29毫米。头、胸灰色杂紫褐色。前翅紫褐色，基横线、内横线及外横线均黑褐色，基横线、内横线波浪形，外横线外侧衬细白点，在各翅脉上另有暗褐和白点；环纹小、中凹，褐色有白环；肾纹褐色有白环，中央有细黑点丛，后端内突；亚端线白色不清晰，内侧衬深褐色。后翅浅褐色，端区较暗。腹部灰褐色。

分布：中国北京、黑龙江、河北、江西、四川，朝鲜，日本，印度，以及克什米尔地区。

1. 成虫背面 2. 成虫腹面

2014年8月 北京怀柔

101 棉铃虫 *Helicoverpa armigera* (Hübner)

形 态：成虫翅展30～38毫米。头、胸灰褐或青灰色。前翅青灰色或红褐色，基横线、内横线、外横线均双线褐色，环纹、肾纹褐边，中横线、亚端线褐色，外横线与亚端线间常带暗褐或霉绿色。后翅白色，端带黑褐色。腹部浅灰褐或浅青色。幼虫头部黄绿色，体色变化较大，有绿、浅绿、黄白、浅红等，体表有褐色与灰色的小刺。

习 性：为害棉花、玉米、小麦、大豆、烟草、番茄、辣椒、茄、芝麻、向日葵、南瓜等。

分 布：世界性分布。

1.成虫背面　2.成虫腹面

2013年8月　北京怀柔

102 烟青虫 *Helicoverpa assulta* (Guenée)

形 态：成虫翅展27～35毫米。头、胸黄褐色。前翅黄褐色，基横线、内横线及外横线均双线黑褐色，环纹、肾纹褐边，亚端线褐色，外横线和亚端线间色暗。后翅浅褐黄色，端带黑色，内侧有1黑细线。腹部浅褐黄色。

习 性：为害烟草、棉花、麻、玉米、高粱、番茄、辣椒、南瓜。

分 布：中国、日本、朝鲜、印度、缅甸、斯里兰卡、印度尼西亚等。

1.成虫背面　2.成虫腹面

2014年8月　北京房山

103 网夜蛾 *Heliophobus reticulata* (Goeze)

形态：成虫翅展约40毫米。头、胸褐色杂灰、黑色。前翅暗褐色，翅脉纹白色，各横线白色，基横线两侧黑色；环纹斜，中央黑色，外围白圈；肾纹中央有黑扁圈，白边；剑纹大，黑边；外横线两侧衬黑，波浪形；亚端线内侧1列黑齿纹。后翅浅褐，端区色暗。腹部褐色。

习性：为害麦瓶草、酸模、报春等植物。

分布：中国北京、内蒙古、青海、新疆、湖南、西藏，蒙古，以及欧洲。

1 2

1.成虫背面　2.成虫腹面

2013年7月　北京密云

104 苜蓿夜蛾 *Heliothis viriplaca* (Hufnagel)

别名：实夜蛾。

形态：成虫翅展约34毫米。头、胸浅灰褐带霉绿色。前翅灰黄带霉绿色；环纹只现3个黑点；肾纹有几个黑点；中横线呈带状；外横线褐色锯齿形，与亚端线间呈污褐色。后翅赭黄色，中室及亚中褶内半带黑色，横脉纹与端带黑色。腹部霉灰色。

习性：为害苜蓿、柳穿鱼、矢车菊、芒柄花等。

分布：中国北京、黑龙江、新疆、河北、江苏、云南、西藏，日本，印度，缅甸，叙利亚，以及欧洲。

1.成虫背面　2.成虫腹面

2013年8月　北京怀柔

1

2

105　铗粗胫夜蛾　*Hepatica anceps* Staudinger

　　形态：成虫翅展约25毫米。体浅红褐色。前翅顶角尖，外缘前半部内凹，后半部内斜；内横线波状，内横线以内的翅基部颜色较暗；外横线与亚端线之间颜色较暗；端线细。后翅端部颜色较暗，端线在翅脉处间断。

　　分布：中国北京，朝鲜，俄罗斯。

1.成虫背面　2.成虫腹面

2014年7月　北京怀柔

106　赭黄长须夜蛾　*Herminia arenosa* Butler

　　形态：成虫翅展约25毫米。头部与胸部赭黄色带褐色，雄蛾触角线形，有鬃毛，下唇须向上弯，似镰刀状。前翅浅赭黄色微带褐色；内横线褐色，自前缘脉外斜至中室前缘，折角较直向后达翅后缘；环纹不显；肾纹只现1褐色短弧线；外横线褐色，自前缘脉外斜至R_5脉，折角内斜，在中褶处稍内凹，在Cu_1、M_3脉处外弯，其后内斜，至Cu_2脉后直线后垂；亚端线褐色，近呈直线，稍内斜，在中褶与亚中褶处微内凹；端线黑褐色，缘毛浅黄色。后翅浅黄色微带褐色；内横线褐色；较直内斜，在中室前不显；亚端线褐色，较直，在中褶前不显，在亚中褶处折向内斜并渐弱；端线黑褐色，缘毛浅黄色。腹部浅赭黄色带褐色。

　　分布：中国北京、山西，日本。

1.成虫背面　2.成虫腹面

2014年5月　北京昌平

107 豆髯须夜蛾 *Hypena tristalis* Lederer

形态：成虫翅展28～32毫米。头部背面棕褐色，杂有少许黑色。前翅棕褐色，布有棕黑色细纹；基横线黑色，自前缘脉外斜至中室后缘，不清晰；内横线黑色，自前缘脉外斜至中室后缘折角波曲内斜，线外方有1斜方形黑斑，其中可见前缘区1列黑点及黑色环；环纹黑色，具白边；外横线微白，波浪形间断；亚端线为1列黑点；1黑褐纹自顶角内斜，翅外缘1列黑点。后翅褐色。腹部褐色。

习性：北京6、8月灯下可见成虫。寄主为大豆、野线麻、荨麻、春榆、葛、尖叶长柄山蚂蝗等植物。

分布：中国北京、河北、黑龙江，朝鲜，俄罗斯。

1.成虫背面　2.成虫腹面

2014年6月　北京怀柔

108 苹梢鹰夜蛾 *Hypocala subsatura* Guenée

形态：成虫翅展38～42毫米。头与胸部灰褐色。前翅红棕色带灰色，密布黑棕色细点；内横线棕色，波浪形外弯；肾纹不清晰，可见黑边；外横线黑棕色，波浪形，自前缘脉后外斜，在R_5脉处折向后并内弯于中褶，M_3脉后内伸至肾纹折向后垂；亚端线棕色。后翅黄色，横脉纹大，亚中褶1黑纵条，端区1黑宽带。腹部黄色有黑横条。多型种，常见前翅1扭角形大黑棕斑的变异。

习性：为害苹果、栎树。

分布：中国北京、辽宁、内蒙古、甘肃、河北、陕西、山东、河南、江苏、浙江、台湾、福建、广东、海南、西藏、云南，印度，日本，孟加拉国。

1.成虫背面　2.成虫腹面

2014年8月　北京顺义

109　贯雅夜蛾　*Iambia transversa* (Moore)

形态：成虫翅展约31毫米。头、胸黑白混杂。前翅灰白带紫褐；基横线黑色，只达A脉；内横线双线黑色，波浪形，前端为1黑粗点，后端内侧有1黑斑；中横线黑色，在中室上不显，然后内斜，自Cu₁脉后与外横线间成1明显黑块；环纹与肾纹暗褐色，白边；外横线双线黑色，线间白色，内一线前端为粗点，外一线外侧有1列齿形黑点；亚端线白色，内侧有不规则形黑纹；端线为1列黑点。后翅褐色。腹部灰色杂褐黄色。

分布：中国北京、山东、湖北、云南，日本，印度，不丹，以及非洲。

1.成虫背面　2.成虫腹面

2014年8月　北京怀柔

110　异安夜蛾　*Lacanobia aliena* (Hübner)

形态：成虫翅展约45毫米。头、胸褐色杂灰色及少许黑色。前翅褐色，布有黑棕细点；基横线、内横线及外横线均双线黑色，基横线、内横线波浪形，外横线锯齿形，线间灰色；剑纹黑边，外方有浅色纹；环纹有灰白环及黑边；肾纹内缘黑色；中横线黑色波浪形；亚端线灰色锯齿形，在Cu₁、M₃脉处强外突。后翅褐色。腹部灰褐色。

习性：为害翘摇属植物。

分布：中国北京、黑龙江、新疆、甘肃，日本，以及欧洲。

1.成虫背面　2.成虫腹面

2013年8月　北京怀柔

111 华安夜蛾 *Lacanobia splendens* (Hübner)

别名：华灰夜蛾。

形态：成虫翅展29～31毫米。头、胸紫褐色。前翅紫褐色前缘区较灰，亚中褶基部1褐斑，基横线白色，内横线棕色；剑纹棕色；环纹、肾纹灰色，后者后半为深褐斑；中横线深褐色；外横线棕色锯齿形，齿尖为长点状；亚端线白色，在Cu_1、M_3、R_5脉处外突，线内侧1深棕色窄带。后翅浅褐黄色，翅脉及端区褐色。腹部褐黄色。

习性：为害酸模、车前草。

分布：中国北京、黑龙江、新疆，朝鲜，以及欧洲。

1. 成虫背面　2. 成虫腹面

2013年8月　北京怀柔

112 白肾俚夜蛾 *Lithacodia martjanovi* (Tschetverikov)

形态：成虫翅展约23毫米。头部与胸部褐色。前翅褐色；基横线黑色，自前缘脉至A脉；内横线黑色，波浪形外弯；环纹中央微黑，外围黑色；肾纹大，白色黑边；外横线黑色，锯齿形，自前缘脉外斜至M_1脉后内斜，在亚中褶处稍内凸；亚端线黄色，不规则波曲；端线黑色。后翅黄褐色带灰色。腹部黄褐色。

分布：中国北京、黑龙江、内蒙古、俄罗斯。

1. 成虫背面　2. 成虫腹面

2014年8月　北京房山

113　木俚夜蛾　*Lithacodia nemorum* (Oberthür)

形态：成虫翅展 19～21 毫米。头部褐色；胸部背面黑褐色，杂有少许灰色，胸部腹面与足褐灰色，跗节黑色，各节间有白环。前翅黑褐色，布有黑色细点带有紫灰色；基横线黑色，仅在前缘区及中室明显；内横线黑色，锯齿形，较直，内侧衬以白色；剑纹小，有白色及黑色外缘；环纹小，白色，黑边，中有灰色点，圆形；肾纹小，白色，黑边，中有暗灰色纹，内、外缘中凹，外缘黑边有间断；外横线黑色，自前缘脉外斜至 M_1 脉，其后锯齿形，在 4 脉后强内弯，外横线外侧有较宽的白色区，外区前缘脉上有 1 列黑点；亚端线白色，波浪形，在 M_1～R_5 脉间及 Cu_2～M_2 脉间呈外曲弧形，在中褶及亚中褶处内凸；翅外缘有 1 列黑点；缘毛黑色，杂有少许白色。后翅褐色带有灰色，端线黑色，缘毛白色，近基部有 1 褐线。腹部黄褐色，毛簇黑色。

分布：中国北京、黑龙江、新疆、山西，日本，朝鲜，俄罗斯。

1.成虫背面　2.成虫腹面

2013 年 7 月　北京密云

114　放影夜蛾　*Lygephila craccae* (Denis et Schiffermüller)

形态：成虫翅展约 45 毫米。头部褐色，头顶褐黑色，两触角间有微白曲线，下唇须灰褐色；颈板褐黑色，胸部背面褐灰色。前翅褐灰色微带紫色，基横线不显，内横线仅在前缘脉现 1 黑纹，环纹不显；肾纹窄小，黑色；亚端线似 1 褐黑带，在 M_1 脉前宽，向后渐窄；翅外缘有 1 列黑点。后翅褐黄色，端区有 1 黑褐宽带。腹部暗灰色。

习性：为害巢菜属、黄芪属植物。

分布：中国北京、新疆，日本，韩国，以及欧洲。

1.成虫背面　2.成虫腹面

2013 年 7 月　北京怀柔

115　平影夜蛾　*Lygephila lubrica* (Freyer)

形态：成虫翅展约43毫米。头部黑色，下唇须灰色，第二节下缘饰浓密长毛，第三节短，端部尖；胸部背面灰色，颈板黑色，足跗节外侧黑褐色，各节间有灰色斑。前翅灰色，密布黑褐色细纹；外横线外方带褐色；内横线粗，有间断，后段细，黑色，稍外斜；肾纹褐色，边缘有一些黑点；中横线模糊，褐色，自前缘脉外斜至中室前缘，在中室后微内弯；外横线不明显，褐色，自前缘脉外弯，Cu_1脉后内弯；亚端线灰色，自前缘脉内斜，$Cu_2 \sim M_2$脉间外斜，前段内侧色暗；翅外缘有1列黑点。后翅黄褐色，端区黑褐色似带状。腹部灰色杂有少许黑色。

分布：中国北京、内蒙古、新疆、河北、山西、陕西，蒙古。

1.成虫背面　2.成虫腹面

2013年8月　北京怀柔

116　巨影夜蛾　*Lygephila maxima* (Bremer)

形态：成虫翅展约55毫米。头部黑色，额褐色，两触角间有1黄白色横纹；足跗节外侧黑色，各节间有浅褐黄斑。前翅淡褐灰色，有紫色调并布有暗褐色细横纹；基横线黑褐色，内侧衬灰色，自前缘脉至亚中褶，在前缘脉后稍外凸；内横线黑褐色，自前缘脉外斜至中室前缘，折角较直后行；中横线黑褐色，模糊，在前缘区似1斗形黑褐大斑，在中室不显，其后自肾纹后端强内弯，A脉后外斜；环纹只现1黑点；肾纹由黑小斑围绕，中央褐灰色；外横线黑褐色，内侧灰色，不明显，自前缘脉外弯至中褶处稍内凸，复强外弯至亚中褶后外斜；亚端线灰色，自前缘脉内斜，R_5脉后稍外弯，在亚中褶内凸成齿折向外斜，线横外侧色暗；翅外缘有1列黑点；缘毛暗褐色；基部有1灰色线。后翅淡灰褐色，亚端区带有暗褐色，翅外缘有1列黑点，端线黑色，波浪形。腹部褐色。

习性：为害禾本科植物。

分布：中国北京、黑龙江、山东、福建，朝鲜，日本。

1.成虫背面　2.成虫腹面

2013年7月　北京怀柔

117 **直影夜蛾** *Lygephila recta* (Bremer)

别名：直紫胯夜蛾、紫胯夜蛾。

形态：成虫翅展约39毫米。头部紫棕色，额与下唇须褐色带灰色；颈板紫棕色，胸部背面褐色带灰色，翅基片有小黑点。前翅棕色；基横线弱，黑棕色，自前缘脉至亚中褶，内侧衬灰色；内横线黑棕色，自前缘脉外斜至中室前缘，折角近呈直线外斜；肾纹约呈三角形，外侧由黑点组成，内半后端为1近圆形黑斑；中横线模糊，黑褐色，自前缘脉外斜至中室下角，折角微曲内斜；外横线、亚端线浅褐色，两线间暗褐色；翅脉灰色，翅外缘1列黑点。后翅褐棕色。腹部灰褐色。

习性：为害胡颓子属植物。

分布：中国北京、黑龙江、湖南、江西、福建、四川、云南，日本，朝鲜。

1.成虫背面　2.成虫腹面

2013年8月　北京顺义

118 **棕影夜蛾** *Lygephila* sp.

形态：成虫翅展约35毫米。头部棕褐色；触角浅棕褐色；胸部棕褐色。前翅棕褐色，外横线以外的区域暗棕褐色。后翅浅棕灰色，翅脉颜色暗，外缘有黑点。

分布：北京。

1.成虫背面　2.成虫腹面

2014年8月　北京怀柔

119　银锭夜蛾　*Macdunnoughia crassisigna* Warren

形态：成虫体长15～16毫米，翅展35毫米。头部及胸部灰黄褐色，腹部黄褐色。前翅灰褐色，斑纹与瘦银锭夜蛾相似，锭形银斑较肥，肾纹外侧有1银色纵线，亚端线细锯齿形。后翅褐色。

习性：为害菊、牛蒡、胡萝卜。

分布：中国北京、河北、陕西、江西，印度，日本，朝鲜。

1.成虫背面　2.成虫腹面

2013年8月　北京密云

120　标瑙夜蛾　*Maliattha signifera* (Walker)

形态：成虫翅展16～17毫米。前翅白色，中域淡褐色至草绿色，内侧常具黑色或黑褐色边线；肾纹白色，中央两端具黑斑，肾纹外侧具大黑斑；亚端区褐色，具纵向黑斑列；缘线由黑斑列组成。

习性：幼虫取食莎草科植物。北京6～8月灯下可见成虫。

分布：中国北京、河北、江苏、江西、福建、湖北、广东、香港、广西，日本，朝鲜，缅甸，马来西亚，印度，斯里兰卡，以及大洋洲。

1.成虫背面　2.成虫腹面

2013年7月　北京密云

121　甘蓝夜蛾　*Mamestra brassicae* (Linnaeus)

形态：成虫翅展40～50毫米。头、胸暗褐杂灰色。前翅褐色，中褶、亚中褶及后缘区基部带赤褐色，翅基部有端白的黑褐鳞丛；基横线、内横线均双线黑色，中线模糊；外横线黑色锯齿形；亚端线黄白色，在Cu$_1$、M$_3$脉处锯齿形；剑纹短；环纹浅褐色；肾纹白色有黑环，后半有1黑褐小斑。后翅浅褐色，Cu$_2$脉近端1白纹。腹部灰褐色。

习性：为害甘蔗、高粱、棉花、桑、麦、甘蓝及多种蔬菜。

分布：中国北京、河北、天津、黑龙江、吉林、内蒙古、辽宁、四川、西藏、湖北，日本，印度，以及欧洲。

1.成虫背面　2.成虫腹面

2014年8月　北京顺义

122　乌夜蛾　*Melanchra persicariae* (Linnaeus)

别名：白肾灰夜蛾。

形态：成虫翅展约40毫米。头、胸黑色。前翅黑色带褐；基横线、内横线均双线黑色，波浪形；环纹黑边；肾纹明显白色，中央有1褐曲纹；中横线黑色；外横线双线黑色锯齿形；亚端线灰白色，内侧有1列黑色锯齿形纹；端线为1列黑点；后翅白色，翅脉及端区黑褐色，亚端线淡黄色，仅后半明显。腹部褐色。

习性：多食性，取食多种低矮草本植物，但秋季也为害柳、桦、楸等木本植物。

分布：中国北京、黑龙江、内蒙古、河北、山西、山东、河南、四川、云南，日本，以及欧洲。

1.成虫背面　2.成虫腹面

2013年8月　北京怀柔

123　毛冬夜蛾　*Mniotype* sp.

形态：成虫翅展约32毫米。触角和头部暗褐色；领片灰白色，有1对蓝灰色镶黑框的长条斑；胸部和腹部黑褐色，腹部基部和尾部被灰白色长毛。前翅暗褐色，基部颜色浅；内横线黑褐色，微波状；外横线黑褐色，大波状；亚端线浅灰白色；内横线与亚端线之间的Cu_2脉下有1条黑纵纹；端线为1列暗褐色点。后翅污白色，翅脉暗褐色，中室端斑较明显，端线黑褐色，臀角附近有1黑色斑。

分布：北京。

1. 成虫背面　2. 成虫腹面

2014年8月　北京怀柔

124　奚毛胫夜蛾　*Mocis ancilla* (Warren)

形态：成虫翅展约37毫米。头部与胸部棕褐色。前翅棕色；基横线双线暗棕色，自前缘脉至A脉内线深棕色，为1窄带，在前缘区稍外凸，其后直线外斜，线内侧色较浅；中横线波曲；肾纹窄曲，棕色边；外横线暗棕色，微外弯，在Cu_2脉后微外突；亚端线双线暗棕色，锯齿形，外侧有1列黑点。后翅褐黄色，外横线与亚端线暗褐色。幼虫头部黄白色，颅侧区中部1茶色弓形纹并网状纹，体灰褐色，亚背区有不规则褐纹。

习性：为害葛。

分布：中国北京、黑龙江、河北、山东、河南、江苏、浙江、湖南、福建，朝鲜，日本。

1. 成虫背面　2. 成虫腹面

2014年6月　北京延庆

125 　缤夜蛾　*Moma alpium* (Osbeck)

形态：成虫翅展约36毫米。头、胸及前翅浅绿色，颈板黑色。前翅中褶与亚中褶白色；基横线为黑带；内、外横线黑色，后者双线；环纹黑边；肾纹内缘为黑条。后翅褐色，外横线后半白色，臀角1白纹。

习性：北京1年发生1代。8月末幼虫老熟，在地表落叶下结丝茧化蛹越冬。为害栎、桦、榉。

分布：中国北京、黑龙江、湖北、江西、福建、四川、云南，日本，朝鲜，以及欧洲。

1.成虫背面　2.成虫腹面

2014年7月　北京怀柔

126 　基秘夜蛾　*Mythimna proxima* (Leech)

别名：白钩黏夜蛾。

形态：成虫翅展29～30毫米。前翅褐赭色，散布黑点，翅中央具1白色小钩状斑。

习性：幼虫取食小麦、玉米、高粱、糜谷、水稻、油菜及多种蔬菜的叶和嫩茎。1年发生2代，北京5、7、8月灯下可见成虫。幼虫为害小麦、玉米、高粱、糜谷、水稻、油菜及多种蔬菜。

分布：北京、河北、甘肃、青海、河南、四川、云南、西藏。

1.成虫背面　2.成虫腹面

2013年8月　北京怀柔

127　红秘夜蛾　*Mythimna rufipennis* (Butler)

形态： 成虫翅展30～32毫米。体及前翅锈红色，散生黑褐色小点。前翅内横线在中部外突；外横线较直，近前缘内折，而近后缘外折。后翅大部黑褐色。

习性： 北京8月灯下可见成虫。

分布： 中国北京、浙江，日本，朝鲜，俄罗斯，印度。

1. 成虫背面　2. 成虫腹面

2014年8月　北京房山

128　秘夜蛾　*Mythimna turca* (Linnaeus)

别名： 光腹夜蛾、光腹黏虫。

形态： 成虫翅展40～43毫米。头部红褐色，胸部红褐带浅紫色。前翅红褐色，密布暗褐细纹，内、外横线黑色波曲，剑纹、环纹不显；肾纹为斜窄黑条，后端1白点。后翅红褐色，端区带灰黑色。腹部黄褐色。雄蛾前翅反面的中室区饰银色毛。

习性： 北京7月灯下可见成虫。幼虫为害禾本科的拟麦子草、荻、芦苇等。

分布： 中国北京、黑龙江、江西、湖北、四川，日本，以及欧洲。

1. 成虫背面　2. 成虫腹面

2013年7月　北京怀柔

129　稻螟蛉夜蛾　*Naranga aenescens* Moore

别名：稻螟蛉。

形态：成虫翅展16～18毫米。雄蛾头部与胸部褐黄色；前翅金黄色，前缘区基部红褐色，后缘区基部微带血红色；一红褐色内斜条自前缘脉近中部至翅后缘内中区，其外缘在中褶与亚中褶处稍外凸；另一红褐色较窄条自顶角内斜，其内缘在中褶及亚中褶处稍内凸，在亚中褶之后稍外斜；后翅暗褐色，缘毛黄色；腹部褐黄色。雌蛾头部与胸部赭黄色；前翅淡赭黄色，红褐色内斜条不伸达翅前缘，中室端部及外方有1浅红纹；后翅黄色，除外缘区外微带褐色。

习性：1年发生2～5代。雌蛾产卵成块。老熟幼虫在叶片上部吐丝将叶片卷成三棱形包，化蛹其中。为害稻、高粱、玉米、稗、茅草、茭白等。

分布：中国北京、河北、陕西、江苏、湖南、江西、台湾、福建、广西、云南，日本，朝鲜，缅甸，印度尼西亚。

成虫背面

2013年7月　北京顺义

130　乏夜蛾　*Niphonyx segregata* (Butler)

形态：成虫翅展28～30毫米。头、胸、腹灰褐色。前翅褐色，中央有暗褐宽带；基横线灰白色，达中室，内侧1黑斑；内横线黑色，内侧衬灰白色，外斜至亚中褶折角；中横线暗褐色，仅前半可见，外斜；肾纹褐色灰白边；外横线黑色，外侧衬灰白色；亚端线灰白色，仅前半明显，与外横线间黑色约呈扭三角形；端线黑棕色；缘毛中部1白线。后翅褐色。

习性：为害葎草。

分布：中国北京、河北、黑龙江、河南、福建、云南，日本，朝鲜。

1.成虫背面　2.成虫腹面

2013年7月　北京密云

131 亚皮夜蛾 *Nycteola asiatica* (Krulikovsky)

形态：成虫翅展约23毫米。头、胸、腹褐灰色。前翅褐灰色，基横线双线黑色波浪形；肾纹褐色，中有红褐纹，前方1近三角形黑灰斑，其中含中横线前端；外横线细锯齿形，后部不显；亚端线只现几个黑褐点。后翅白色，端区褐灰色。

习性：幼虫在柳、杨的嫩梢上缀叶取食。1年多代，以成虫越冬，3、4、8月灯下可见成虫。

分布：中国北京、山东、湖南，日本，以及中亚地区、欧洲。

1.成虫背面　2.成虫腹面

2013年3月　北京顺义

132 芒胫夜蛾 *Nyssocnemis eversmanni* (Lederer)

形态：成虫翅展雄蛾约44毫米。头部与胸部黑棕色，杂有少许灰色及黑色，足跗节各节间有黄白斑。前翅灰褐色带紫色；基横线双线黑色，波浪形，自前缘脉至亚中褶，线间微白；内横线双线黑色，在前缘脉后外凸，其后外斜，在A脉后外弯；剑纹黑边；环纹斜圆形，黑边，前方有1黑色外斜纹；肾纹白色，中有黑褐圈，内外侧黑色并稍扩展；中横线黑棕色，波浪形；外横线黑色，锯齿形，外侧衬黄色，自前缘脉后外弯至M_3脉后明显内弯；亚端线赭黄色，内侧微衬黑色，在R_5脉处外凸，中段外弯并微呈波浪形；端线由1列黑点组成。后翅浅黄色，外横线黑褐色，端区黑褐色，成1宽带，在臀角处窄尖。腹部灰褐色。

分布：中国北京、河北、黑龙江、新疆，以及西伯利亚。

1.成虫背面　2.成虫腹面

2013年9月　北京怀柔

133 黑禾夜蛾 *Oligia leuconephra* Hampson

形态：成虫翅展约15毫米，是本属中最小的种类。雄蛾前翅黄褐色，雌蛾带红褐色；内横线与外横线之间的翅中部颜色较暗；肾纹内半部白色弧形；亚端线浅黄褐色，不太明显；端线黑色。后翅灰褐色。

分布：中国北京、辽宁、吉林、黑龙江，韩国，日本，俄罗斯，蒙古，哈萨克斯坦。

1.成虫背面　2.成虫腹面

2014年8月　北京房山

134 野爪冬夜蛾 *Oncocnemis campicola* Lederer

别名：爪冬夜蛾。

形态：成虫翅展32毫米。头、胸黑褐色。前翅蓝灰色，中区暗褐色；基横线、外横线均双线暗褐色；内横线黑褐色；剑纹小；环纹、肾纹褐色围以蓝白环；中横线黑色模糊；亚端线蓝白色锯齿形，内侧1列黑齿纹。后翅白色，翅脉及端区褐色。腹部灰褐色。基部灰白。

分布：中国北京、黑龙江、内蒙古、新疆、河北、甘肃、山东、福建，俄罗斯，蒙古，韩国，日本。

1.成虫背面　2.成虫腹面

2013年8月　北京怀柔

135　太白胖夜蛾　*Orthogonia apaishana* (Draudt)

形态： 成虫翅展55～57毫米。头、胸黑棕色。前翅褐灰带红棕色，中段带黑褐色，中脉及外横线外方的翅脉灰色，内横线内方及外横线与亚端线间均有波曲黑细纹；亚端线灰黄色，其余各横线黑色；内横线、外横线均双线，内横线后端内侧1黑斑，外横线波浪形；剑纹大，环纹前端2灰黄点，肾纹长。后翅黑棕色。腹部暗灰棕色。

分布： 北京、陕西。

1.成虫背面　2.成虫腹面

2013年7月　北京怀柔

136　蚀夜蛾　*Oxytrypia orbiculosa* (Esper)

别名： 环斑蚀夜蛾。

形态： 成虫体长15～18毫米，翅展37～44毫米。头部及颈板黑褐色，下唇须下缘白色，颈板有宽白条；胸部背面褐色微带灰色；腹部黑色，各节端部白色。前翅红棕色或黑棕色，基横线黑色，外侧衬白色，内横线黑色，内侧衬白色，波浪形外斜，剑纹黑边，环纹灰黑色，外围白圈及黑边，稍外斜，肾纹巨大，白色，约呈菱形，前半内侧有1黑灰纹，中横线黑色，前半外斜浓黑，后半波浪形，外横线黑色锯齿形，前后端外侧衬白色，亚缘线黑色锯齿形，前端外侧衬白色，其余衬褐黄色，缘线为一黑点，缘毛端部白色；后翅白色，缘区有1褐色宽带，Cu_2脉及后缘区较黑褐。

寄主： 鸢尾科植物等。

分布： 中国北京、吉林、内蒙古、青海、新疆、匈牙利及亚洲中部。

1.成虫背面　2.成虫腹面

2015年9月　北京顺义

137　白痣眉夜蛾　*Pangrapta albistigma* (Hampson)

形态：成虫体长约7毫米，翅展约21毫米。头部白色杂黑色，下唇须外侧灰色杂黑灰色，第三节端部灰白色，胸部背面灰灰色杂褐色，足外侧黑灰色，跗节各节间有灰白斑。前翅白色带褐色，密布暗褐色细点；基横线黑色，自前缘脉至中室；内横线黑色，自前缘脉外斜，在中室处内凹，中室后内斜；环纹只现1黑粗点；肾纹白色，边缘暗褐色，中央有1暗褐曲纹；中横线黑色，自前缘脉外斜至中室前缘，在中室间断，自中室后缘波曲内斜；外横线黑色，自前缘脉外斜至M_1脉折角波曲内斜；亚端线在M_2脉前至前缘间为1列白色斜点，均围以暗褐边，内侧色暗，M_2脉暗褐色。后翅白色，有暗褐细点，横脉处1白斑，由细黑线分割为几个小斑，内横线、外横线黑色，后者外方另1黑线，亚端区及端区由1黑线分割成双列白斑。腹部灰褐色。

分布：中国北京、河北、陕西、浙江、湖北、四川，朝鲜，日本，印度。

1.成虫背面　2.成虫腹面

2014年8月　北京怀柔

138　黄斑眉夜蛾　*Pangrapta flavomacula* Staudinger

形态：成虫翅展约28毫米。头部与胸部灰褐色；足跗节外侧灰黑色，各节间有灰白斑。前翅淡紫灰色带黄色，密布暗褐色细点，前缘区色较白；基横线黑色，自前缘脉至亚中褶；内横线黑棕色，波浪形外弯，在中室处明显内凸；环纹黄色褐边；肾纹黄色黑边，中央有1黑色曲纹；中横线黑褐色，自前缘脉外斜至中褶折角内斜；外横线黑色，自前缘脉微曲外斜至R_5脉折角内斜，在$A \sim M_3$脉间稍内弯；亚端线褐色，波浪形，在R_5脉及M_3脉处外凸成齿；近顶角另有1白色斜斑。后翅淡黄色，横脉纹黑色，内曲；外横线黑色，弧形；亚端线双线黑色，锯齿形；全翅密布暗褐色细点，外横线与亚端线之间最浓密，端线黑色。腹部灰色。

分布：中国北京、黑龙江、江苏、福建、山东、浙江、上海，日本，以及西伯利亚。

1.成虫背面　2.成虫腹面

2014年7月　北京怀柔

139 浓眉夜蛾 *Pangrapta perturbans* (Walker)

　　形态：成虫翅展约34毫米。头部、胸部暗红褐色，足跗节外侧有灰白斑。前翅浓褐色带灰色，密布黑褐色细点，基部色暗褐；基横线黑色，波浪形，自前缘脉至亚中褶，外侧衬灰色；内横线黑色，波浪形外弯，在中室处明显内凸；环纹褐灰色，边缘黑褐色，小而圆；肾纹色似环纹，小而模糊；中横线黑褐色，自前缘脉外斜至肾纹前端，自肾纹后端内斜并微波浪形；外横线黑褐色，自前缘脉外斜至 M_1 脉，折角波曲内斜，前段外方有1近半圆形灰色大斑，后端1黑褐波浪形线；亚端线黑褐色间断，顶角1灰白斜纹。后翅灰褐色，各横线黑褐色，外横线双线波浪形，亚端线间断，内横线1细褐线。腹部棕褐色。

　　分布：中国北京、江苏、福建、云南，日本，朝鲜，印度，孟加拉国。

1.成虫背面　2.成虫腹面

2014年8月　北京房山

140 纱眉夜蛾 *Pangrapta textilis* (Leech)

　　形态：成虫翅展约26毫米。头部与胸部褐白色，密布深褐点，足跗节外侧褐黑色，各节间有白斑。前翅黄白色，布有黑褐细点，中脉及外横线外方的各翅脉上黑褐点致密；基横线黑褐色，仅前缘区可见；内横线暗褐色，波曲外弯；环纹小，近圆形，有模糊黑褐边；肾纹窄曲，内缘黑褐色，中央有1黑曲纹；外横线双线黑棕色，自前缘脉外斜至 M_2 脉折角内斜，在亚中褶处稍外弯；外横线外方的前缘脉暗褐色，有1列黄白点；亚端线黄白色，在 R_5 脉处外凸，后端达臀角；端线黑色，微波浪形，缘毛浅褐黄色带赭色，中有1波浪形黑线。后翅黄白色，有黑棕细点，中横线与外横线黑棕色，亚端线两侧黑棕色，锯齿形。腹部浅黄色，部分有黑棕横条。

　　分布：中国北京、河北、山东、浙江、福建，朝鲜。

1.成虫背面　2.成虫腹面

2014年8月　北京房山

141 点眉夜蛾 *Pangrapta vasava* (Butler)

形态：成虫翅展约23毫米。头、胸、腹褐色杂灰色。前翅褐色杂灰色，内横线内侧色暗；基横线、内横线白色；环纹、肾纹黄褐色黑边，环纹小；中横线黑色波浪形，前端内侧灰白色；外横线黑色，在R_5脉折角波浪形内弯，后段外斜，前段外方1灰白三角形斑；端线黑褐色。后翅色同前翅，中横线仅后半明显黑褐色，中室端有4个黑边圆形小白斑，外横线双线黑色锯齿形，外侧衬白色，后半锯齿形，端线黑褐色。腹部腹面灰白色。

习性：为害榆。

分布：中国北京、黑龙江、山东、河南、江苏，朝鲜，日本。

1.成虫背面　2.成虫腹面

2014年8月　北京怀柔

142 短喙夜蛾 *Panthauma egregia* Staudinger

形态：成虫翅展约60毫米。头、胸灰白杂绿褐。前翅白色，基部1黑纹，各横线双线黑色，但亚端线白色，中褶及Cu_2脉后有黑线穿过外横线。后翅白色带浅褐，外横线白色，两侧色暗。腹部灰黑色。

习性：北京6、7月灯下可见成虫。

分布：中国北京、黑龙江、内蒙古，朝鲜，俄罗斯。

1.成虫背面　2.成虫腹面

2014年8月　北京怀柔

143　曲线奴夜蛾　*Paracolax tristalis* (Fabricius)

形态：成虫翅展约25毫米。头部、触角、胸部暗黄褐色。翅浅黄褐色，斑纹暗黄褐色；前翅前缘基部暗褐色；内横线和中横线弧形，稍呈波状；中室端斑条状；外横线较直；缘线明显。后翅有明显的中横线、外横线和缘线。

分布：中国北京、黑龙江、吉林，日本，朝鲜，土耳其，俄罗斯等欧洲国家。

1.成虫背面　2.成虫腹面

2014年7月　北京怀柔

144　姬夜蛾　*Phyllophila obliterata* Rambur

形态：成虫翅展19～21毫米。前翅黄白色带褐色；内横线较粗，两侧带褐色；环纹为1个褐点；肾纹由2个褐点组成，后1点粗；外横线白色，两侧衬暗褐色，内侧衬较粗的暗褐条；亚缘线白色；亚中褶稍曲，内侧暗褐色；缘线为1列黑点。后翅白色微带褐色。

习性：为害除虫菊、蒿。

分布：中国北京、黑龙江、内蒙古、新疆、河北、陕西、山东、江苏、浙江、湖北、江西、福建，以及亚洲西部、欧洲。

1.成虫背面　2.成虫腹面

2014年8月　北京怀柔

145　朴夜蛾　*Plusilla rosalia* (Staudinger)

形态：成虫翅展28～30毫米。头、胸褐色带粉红色。前翅黄褐色带粉红色，中横线、外横线间带暗红棕色；内横线不显；中横线黑棕色，内侧衬黄白色；外横线粗，白色，后半两侧衬黑色。后翅黄白微褐，中室外、后方有细褐点，外横线褐色波曲。腹部灰褐色。

分布：中国北京、黑龙江、江苏、湖北，俄罗斯，韩国。

1.成虫背面　2.成虫腹面

2013年8月　北京怀柔

146　蒙灰夜蛾　*Polia bombycina* (Hufnagel)

形态：成虫翅展约50毫米。头、胸褐色带灰色。前翅褐色带灰色，中室微带红褐色；基横线、内横线及外横线均双线黑色，基横线、内横线波浪形，中横线暗褐色波浪形，外横线锯齿形，线间灰色；剑纹小，环纹大，肾纹大，肾纹后端较内突；亚端线灰色，在Cu_1、M_3脉处成外突齿，线内侧有黑纹。后翅黄褐色。腹部灰褐色。

分布：中国北京、黑龙江、内蒙古、新疆、青海、河北、山东，朝鲜，日本，蒙古，以及欧洲。

1.成虫背面　2.成虫腹面

2013年8月　北京怀柔

147 冥灰夜蛾 *Polia mortua* (Staudinger)

形态：成虫翅展约42毫米。头、胸黑棕色。前翅黑棕色微带紫色，布有细黑点；基横线、内横线及外横线均双线黑色，基横线、内横线波浪形，外横线锯齿形；剑纹、环纹、肾纹均色暗，肾纹外侧后端有2白点，前端1白点；亚端线灰白，内侧1列黑点。后翅黄白，端区带褐色。腹部褐色。

分布：中国北京、黑龙江、内蒙古、甘肃、贵州、四川、云南、西藏，印度，俄罗斯。

1. 成虫背面　2. 成虫腹面

2014年8月　北京怀柔

148 印铜夜蛾 *Polychrysia moneta* (Fabricius)

形态：成虫体长约17毫米，翅展约36毫米。头部白色，额有褐鳞，下唇须第三节大部黑色；胸部黄白色，颈板、翅基片及毛簇端部均有淡褐色边缘；腹部灰白色。前翅灰褐色带银白色；基横线与内横线均双线褐色；环纹大，与后方1白斑相连成1椭圆形银白大斑；中横线深褐色，在中室后直线内斜；肾纹小；外横线双线褐色；亚端线前段深褐色，其后弱；端线深褐色。后翅淡灰褐色，翅脉褐色。

习性：为害乌头属、翠雀属、金莲花属植物。

分布：中国北京、河北、黑龙江、内蒙古，蒙古，以及欧洲。

1. 成虫背面　2. 成虫腹面

2014年8月　北京怀柔

149 霉裙剑夜蛾 *Polyphaenis oberthuri* Staudinger

形态： 成虫翅展约39毫米。头、胸霉绿杂黑色。前翅霉绿杂黑色，基横线、内横线及外横线均双线黑色，基横线、内横线波浪形，外横线锯齿形，中横线、亚端线黑色，中横线后半波浪形，剑纹细长，环纹及肾纹褐色黑边，端线为1列黑长点。后翅杏黄色，基部黑褐色，后缘1黑褐窄条，端区1黑褐宽带。腹部黑棕色，节间黄色。

分布： 中国北京、黑龙江、新疆、陕西、河南、湖北、福建、四川、云南，朝鲜，俄罗斯。

1.成虫背面　2.成虫腹面

2014年8月　北京平谷

150 黏虫 *Pseudaletia separata* (Walker)

形态： 成虫体长15～17毫米，翅展36～40毫米。头、胸灰褐色；前翅灰黄褐色、黄色或橙色，内横线只现几个黑点，环纹、肾纹褐黄色，肾纹后端有1白点，其两侧各1黑点，外横线为1列黑点，亚端线自顶角内斜至M_2脉，翅外缘1列黑点。后翅暗褐色。腹部暗褐色。

习性： 北京1年2～3代，4～6月、8月灯下可见成虫。成虫具迁飞性。为重要的农业害虫，为害稻、麦、高粱、玉米等。

分布： 中国（新疆、西藏未见），古北区东部，澳大利亚地区，东南亚一带。

1.成虫背面　2.成虫腹面

2013年8月　北京怀柔

151 殿夜蛾 *Pygopteryx suava* Staudinger

形态： 成虫翅展约33毫米。头部灰红色，触角基节及触角干上缘白色，下唇须第二节外侧紫红色；胸部灰红色，胸部腹面及足灰红带紫色，跗节有白斑。前翅红褐带白色，端区深赤褐色；内横线与中横线白色，内斜；肾纹只现1白色短线；外横线白色，微曲内斜；亚端线白色，前半内弯，后半锯齿形；缘毛棕色，锯齿形，凹处的端部白色。后翅暗红色，基部、前缘区及臀角带有灰白色。腹部红褐色。

分布： 中国北京、黑龙江、河北、山东，日本，俄罗斯。

1.成虫背面 2.成虫腹面

2013年9月 北京怀柔

152 焰夜蛾 *Pyrrhia umbra* (Hufnagel)

形态： 成虫翅展约32毫米。头、胸黄褐色，翅基片有黑横纹。前翅黄色布赤褐点，外横线外方带紫灰色，基横线、内横线及中横线赤褐色，剑纹、环纹及肾纹均有赤褐边线；外横线黑棕色，后半与中横线平行；亚端线黑色锯齿形，有间断；端区翅脉纹赤褐色。后翅黄色，端区1大黑斑。雄蛾抱钩齿形。

习性： 寄主为烟、大豆、油菜、荞麦。

分布： 中国北京、黑龙江、新疆、河北、陕西、山东、湖北、湖南、浙江、西藏，日本，朝鲜，印度，以及亚洲西部、欧洲、美洲北部。

1.成虫背面 2.成虫腹面

2013年8月 北京怀柔

153 内夜蛾 *Rhizedra lutosa* (Hübner)

形态：成虫翅展约52毫米。头、胸、腹浅褐黄色。前翅浅褐黄色散布细黑点，隐约可见1列黑点组成的外横线。后翅黄白色，散布零星黑点。

习性：为害芦苇。

分布：中国北京、黑龙江、内蒙古、新疆，韩国，以及欧洲。

1.成虫背面　2.成虫腹面

2014年9月　北京延庆

154 涓夜蛾 *Rivula sericealis* (Scopoli)

形态：成虫翅展约15毫米。头部、胸部淡黄色。前翅淡黄色；肾纹短肥，暗褐色带灰色，中有2黑点；内横线褐色，细弱不明显；外横线褐色，自前缘脉强外斜至R_3脉折角内斜，在中褶处内凸，至M_3脉后直线内斜至翅后缘；端线褐色；外缘近顶角处有1黑点，缘毛色较暗。后翅白色，顶角区稍带褐色，翅外缘前半黑色。腹部黄白色。

习性：幼虫取食多种禾草或短柄草。北京8、9月灯下可见成虫。

分布：中国北京、黑龙江、江苏、云南，日本，以及欧洲。

1.成虫背面　2.成虫腹面

2013年9月　北京怀柔

155　红棕灰夜蛾　*Sarcopolia illoba* (Butler)

形态： 成虫翅展38～41毫米。头部及胸部红棕色。前翅红棕色；基横线及内横线隐约可见双线波浪形；剑纹粗短，褐色；环纹、肾纹椭圆形，不明显；外横线棕色，锯齿形；亚端线微白，内侧深棕色。后翅褐色，基部色浅。

习性： 为害桑、棉花、苜蓿、甜菜、大豆、荞麦、胡萝卜、紫苏。

分布： 中国北京、黑龙江、河北、陕西、山东、江苏、浙江、江西、福建，朝鲜，日本。

1.成虫背面　2.成虫腹面

2013年8月　北京怀柔

156　宽胫夜蛾　*Schinia scutosa* (Goeze)

形态： 成虫体长11～15毫米；翅展31～35毫米。头部及胸部灰棕色，胸部腹面白色；腹部灰褐色。前翅灰白色，大部分有褐色点；基横线黑色，只达亚中褶；内横线黑色波浪形，后半外斜，后端内斜；剑纹大，褐色黑边，中央1淡褐纵线；环纹褐色黑边；肾纹褐色，中央1淡褐曲纹，黑边；外横线黑褐色，外斜至M_3脉前折角内斜；亚端线黑色，不规矩锯齿形；外横线与亚端线褐色，成1曲折宽带；中脉及Cu_2脉黑褐色；端线为1列黑点。后翅黄白色，翅脉及横脉纹黑褐色，外横线黑褐色，端区有1黑褐色宽带，Cu_2～M_3脉端部有2黄白斑，缘毛端部白色。

习性： 以蛹越冬。北京5、6、8、9月可见成虫。成虫有趋光性，每雌产卵数百粒。幼虫为害草坪草及其他艾属、藜属植物。

分布： 中国北京、陕西、甘肃、青海、湖南、河北、内蒙古、山东、江苏，日本，朝鲜，印度，以及亚洲中部、美洲北部、欧洲。

1.成虫背面　2.成虫腹面

2013年8月　北京朝阳

157　棘翅夜蛾　*Scoliopteryx libatrix* (Linnaeus)

形态：成虫翅展约35毫米。头部褐色。前翅灰褐色，布有黑褐色细点，翅基部、中室端部及中室后橘黄色，密布血红色细点；内横线白色，自前缘脉外斜至中室前缘折向后，至中室后缘折角呈直线外斜；环纹只现1白点；肾纹窄，灰色，不清晰，前后部各有1黑点；外横线双线白色，线间暗褐色，在前缘脉上为1模糊白粗点；亚端线白色，不规则波曲，在$Cu_1 \sim M_3$脉间明显外凸，在前缘区白色明显；中室后缘及端区各翅脉白色；顶角外凸成齿，其后的翅外缘凹，外缘中部外凸成齿，其后的翅外缘锯齿形。后翅暗褐色，隐约可见黑褐色外横线，自前缘后较直内斜，亚端线微弱。腹部灰褐色。

习性：为害柳、杨。

分布：中国北京、黑龙江、辽宁、陕西、河南、云南，朝鲜，日本，以及欧洲。

1.成虫背面　2.成虫腹面

2014年6月　北京延庆

158　铃斑翅夜蛾　*Serrodes campana* Guenée

别名：斑翅夜蛾。

形态：成虫翅展约77毫米。头、胸黑褐带灰色。前翅中段浅褐灰色，布有细纹，基部及外横线外方暗褐带紫色；基横线为2黑斑；内横线黑色，前端及亚中褶内侧各1黑斑，后一斑半圆形；环纹为1黑点；肾纹褐色，围以大小不一白边的黑点；中横线大波浪形，前端外侧紫色；外横线双线黑色，线间黄褐色，近直线内斜，前端内侧1黑三角形斑；亚端线浅褐色大波曲。后翅褐灰色，中部1白色粗线，外半部黑褐色。腹部褐灰色。

习性：为害无患子。

分布：中国北京、浙江、广东、海南、广西、四川、云南等地，印度，孟加拉国，缅甸，斯里兰卡，印度尼西亚，以及大洋洲、非洲。

1.成虫背面　2.成虫腹面

2013年8月　北京平谷

159　袭夜蛾　*Sidemia bremeri* (Erschoff)

形态： 成虫翅展约44毫米。头、胸浅褐灰色。前翅浅褐灰色带黑色，基横线、内横线均双线黑色，双线间均白色；环纹及肾纹白色；剑纹黑色；外横线双线黑色，内一线锯齿形，双线间白色；亚端线白色，中段锯齿形并在内侧现三角形黑斑。后翅浅褐灰色，端区及外横线褐色。腹部褐灰色。

分布： 中国北京、黑龙江、陕西，俄罗斯，日本，韩国。

1.成虫背面　2.成虫腹面

2014年8月　北京怀柔

160　克袭夜蛾　*Sidemia spilogramma* Rambur

形态： 成虫翅展约45毫米。头、胸灰色。前翅灰褐色有霉绿色感，基横线、内横线及外横线均双线黑色，基横线、内横线波浪形，外横线锯齿形，剑纹浅褐色，环纹、肾纹灰黑色有白环及黑边；中横线黑色，后半与外横线平行；亚端线微白，内侧衬黑色。后翅白色，翅脉及端区灰褐色。腹部浅黄灰色。

分布： 中国北京、河北、黑龙江、内蒙古、山东、江苏、湖南，俄罗斯。

1.成虫背面　2.成虫腹面

2013年8月　北京怀柔

161 　烦寡夜蛾　*Sideridis incommoda* (Staudinger)

形态：成虫翅展约34毫米。头、胸灰色杂褐色。前翅褐灰色，亚中褶基部1黑纹，内横线灰色，剑纹褐色，环纹、肾纹灰色褐边，环纹斜椭圆形，中横线模糊黑褐色，外横线灰色波浪形，亚端线灰白色，端区色暗。后翅黄白色带褐色。腹部褐色。

分布：中国北京、黑龙江，俄罗斯。

1.成虫背面　2.成虫腹面

2013年8月　北京怀柔

162 　曲线贫夜蛾　*Simplicia niphona* (Butler)

形态：成虫翅展约30毫米。头、胸黄褐色。前翅黄褐色，内横线褐色波浪形，肾纹褐色点状，外横线褐色细锯齿形，亚端线白色，近呈直线。后翅灰黄色，亚端线白色，不明显，端线褐色。腹部灰黄色。

分布：中国北京、内蒙古、河北、浙江、湖南、台湾、福建、海南、广西、云南、西藏，日本。

1.成虫背面　2.成虫腹面

2014年5月　北京昌平

163 胡桃豹夜蛾 *Sinna extrema* (Walker)

形态：成虫翅展32～40毫米。头、胸白色，颈板、翅基片及前、后胸均有黄斑。前翅橘黄色，外横线内方有许多大小不一的白斑，形状各异，外横线为1曲折白带，顶角有1白色大斑，约呈三角形，边缘有四个小黑斑，外缘后半部有3个黑点。后翅白色带浅褐色。腹部黄白色。

习性：为害、枫杨及胡桃属植物。

分布：中国北京、黑龙江、陕西、河南、江苏、浙江、湖北、湖南、江西、福建、海南、四川，日本。

1.成虫背面　2.成虫腹面

2013年9月　北京怀柔

164 茅夜蛾 *Spaelotis nipona* Felder et Rogenhofer

别名：矛夜蛾。

形态：成虫翅展约46毫米。头部棕色；胸部暗灰色，翅基片黑色为主。前翅紫灰褐色；基横线双线黑色波浪形；内横线、外横线均双线黑色，锯齿形；环纹、肾纹灰色黑边，环纹扁圆形，前端开放；亚端线灰色锯齿形。后翅黄白色。腹部灰褐色。

分布：中国北京、黑龙江、内蒙古、青海、新疆、河北、江苏，朝鲜，日本，印度，以及亚洲西部、欧洲。

1.成虫背面　2.成虫腹面

2014年6月　北京通州

165　环夜蛾　*Spirama retorta* (Clerck)

别名： 旋目夜蛾 。

形态： 成虫体长21～23毫米，翅展60～62毫米。雄蛾头部及胸部黑棕色带紫色，下唇须基部红色，胸部腹面有红毛；腹部背面大部黑棕色，端部及腹面红色。前翅黑棕色带紫色；内横线黑色；肾纹后部膨大旋曲，边缘黑色及白色；外横线双线黑色，外斜至M_1脉折角内斜，两线相距宽；亚端线双线黑色波浪形；端线双线黑色波浪形；M_2脉及M_1、R_5脉有黑纹；顶角至肾纹有1隐约白纹。后翅黑棕色，端区较灰，中横线、外横线黑色，亚端线双线黑棕色。雌蛾头部及胸部褐色，胸部背面带淡赭黄色；腹部背面大部黑棕色，有淡赭黄色横纹，端部及腹面红色。前翅淡赭黄色带褐色，内横线内侧有2黑棕斜纹，外侧有1黑棕色宽斜条。后翅色同前翅，内横线双线黑色粗，中横线黑色外侧衬淡黄色，亚端线双线黑色，波浪形，内一线粗，其内缘直。

习性： 为害合欢。

分布： 中国北京、辽宁、江苏、浙江、湖北、江西、四川、福建、云南、广东，日本，朝鲜，印度，斯里兰卡，缅甸，马来西亚。

1.成虫背面　2.成虫腹面

2013年7月　北京平谷

166　淡剑灰翅夜蛾　*Spodoptera depravata* (Butler)

形态： 成虫翅展27～36毫米。头、胸灰褐色。前翅赭黄带红褐色，中脉及$Cu_2 ～ M_3$脉微白；基横线、内横线褐色；环纹、肾纹不明显；外横线双线褐色波浪形，间断，内侧亚中褶处1褐纹；亚端线微白，锯齿形，内侧褐色。后翅白色，翅脉及端区浅褐色。腹部赭褐色。

习性： 为害结缕草、粟。

分布： 中国北京、湖北、湖南、江苏、浙江、福建，日本。

1.成虫背面　2.成虫腹面

2013年9月　北京怀柔

167　甜菜夜蛾　*Spodoptera exigua* (Hübner)

形态：成虫翅展 19～25 毫米。头、胸灰褐色。前翅灰褐色，基横线仅前端可见双黑纹、内横线、外横线均双线黑色，内横线波浪形，剑纹为 1 黑条，环纹、肾纹粉黄色，中横线黑色波浪形，外横线锯齿形，双线间的前后端白色，亚端线白色锯齿形，两侧有黑点；后翅白色，翅脉及端线黑色；腹部浅褐色。

习性：为害甜菜、棉花、马铃薯、番茄等多种蔬菜，及豆类。

分布：中国华北、华东、华中、华南、西南等地，日本，印度，缅甸，以及亚洲西部、大洋洲、欧洲、非洲。

1. 成虫背面　2. 成虫腹面

2013年8月　北京朝阳

168　斜纹夜蛾　*Spodoptera litura* (Fabricius)

形态：成虫翅展 33～35 毫米。头、胸、腹褐色。前翅褐色，外区翅脉大部浅褐黄色，各横线褐黄色，环纹窄长斜向肾纹，肾纹外缘中凹，前端齿形，亚端线内侧有 1 列黑齿纹，1 灰白纹自前缘经环、肾纹间达 Cu_2、Cu_1 脉基部；雄蛾外横线与亚端线间带紫灰色；腹部褐色。

习性：为害甘薯、棉花、芋、向日葵、烟草、芝麻、玉米、高粱，以及瓜类、豆类等多种蔬菜。

分布：中国北京、山东、江苏、浙江、湖南、福建、广东、海南、贵州、云南等亚洲的热带和亚热带地区以及非洲。

1. 成虫背面　2. 成虫腹面

2014年9月　北京昌平

169　干纹夜蛾　*Staurophora celsia* (Linnaeus)

形态：成虫体长约20毫米，翅展40毫米。头部及胸部粉绿色，颈板端部及翅基片边缘褐色，后胸毛簇褐色，腹部黄褐色。前翅粉绿色，中部有1树干形棕褐色斑纹，翅基部有1棕褐色斑，顶角、中褶端部及臀角各1三角形褐斑，翅外缘及缘毛棕色。后翅棕褐色，缘毛端部白色。

分布：中国北京、河北、黑龙江、内蒙古、山东、新疆，以及欧洲。

1.成虫背面　2.成虫腹面

2013年9月　北京怀柔

170　兰纹夜蛾　*Stenoloba jankowskii* (Oberthür)

形态：成虫翅展30～36毫米。头、胸棕黑杂白色。前翅黑棕色，中室前方带霉绿色，1白纹沿中室后缘外伸并折向顶角，中室下角外1黑小斑，外横线、亚端线白色，外横线外侧翅脉白色，近顶角有1黑点，近外缘1白线。后翅暗褐色；腹部黑棕色。

分布：中国北京、黑龙江、浙江、云南，日本，俄罗斯，韩国。

1.成虫背面　2.成虫腹面

2014年8月　北京怀柔

171 肘析夜蛾 *Sypnoides olena* (Swinhoe)

别名：肘闪夜蛾。

形态：成虫翅展约43毫米。头部与胸部褐色；足胫节与跗节外侧褐黑色，跗节各节间有褐白斑。前翅棕褐色，基横线黑色，自前缘脉至亚中褶；内横线粗，黑色模糊，较直内斜，中室前稍折曲；环纹只现1白点；中横线粗，黑色模糊，自前缘脉外斜至中室下角，折角微曲内斜；肾纹浅棕黄色，不明显；外横线前半黑色，自前缘脉波浪形外弯，在中褶处内凹，Cu$_1$脉后不明显，外侧带有黄褐色；亚端线黑色，粗而浓，自前缘脉内斜至M$_2$脉折向外斜，在M$_3$脉成1大外凸齿，内斜至亚中褶折向后；近翅外缘有1列黄白色点，均衬黑色。后翅褐色，外横线黑色，仅在中褶后明显，在亚中褶处稍内弯，亚端线双线黑色，较粗，仅在M$_1$脉后明显，内一线稍向内扩展，翅外缘有1列白点。腹部黄褐色，背面褐色。

分布：北京、浙江、福建、云南、贵州、四川、重庆。

1.成虫背面　2.成虫腹面

2013年7月　北京怀柔

172 庸肖毛翅夜蛾 *Thysa juno* (Dalman)

形态：成虫体长约35毫米，翅展81～90毫米。前翅赭褐色至灰褐色，布满黑点；内横线黄棕色，后大部呈斜直线；环纹为1黑点，肾纹具2个黑斑，有时黑斑不显；翅反面黄棕色，具一大一小2个黑斑。后翅锈红色，翅中后部具大黑斑，内有粉蓝色钩形斑。

习性：北京6～9月灯下可见成虫。幼虫取食桦、李、木槿等叶片，成虫吸食成熟的水果。

分布：中国北京、河北、黑龙江、辽宁、浙江、江西、台湾、湖北、四川等地，日本，朝鲜，印度。

1.成虫背面　2.成虫腹面

2013年8月　北京延庆

173 陌夜蛾 *Trachea atriplicis* (Linnaeus)

形态：成虫翅展45～52毫米。头、胸部黑褐色，具绿色鳞毛。前翅棕褐色，具绿色鳞片，尤其翅基部、环纹、肾纹及臀区附近更显；环纹中央黑色，有绿环及黑边；肾纹绿色，后内角有1三角形黑斑；环纹和肾纹后侧方具1白色斜条。

习性：北京6～9月灯下可见成虫。幼虫取食蓼、酸模、地锦、二月兰等植物叶片。

分布：中国北京、黑龙江、河北、河南、江苏、上海、江西、福建、湖南，日本，朝鲜，哈萨克斯坦，土耳其，以及欧洲。

1. 成虫背面　2. 成虫腹面

2013年8月　北京密云

174 条夜蛾 *Virgo datanidia* (Butler)

别名：遗夜蛾。

形态：成虫翅展约49毫米。头、胸、腹黄褐杂黑色。前翅黄褐杂黑色，翅脉多为黄色，前缘脉带红色；基横线、内横线褐黄色；剑纹小，外侧1黑点；环纹大，黄边；肾纹中有黄环，外围亦黄色；外横线黄色，后半较直内斜，亚端线为1列黄曲纹，内侧各有黑点。后翅浅灰褐色。

习性：东北1年1代。以三龄幼虫卷叶越冬，6月底化蛹，7月初成虫出现，产卵在植株枝条或叶上，7月中旬幼虫孵化。幼虫为害山毛榉、栎、榛、桦、苹果、山楂、榆、杨、柳等。

分布：中国北京、黑龙江、陕西、浙江、湖南，日本，俄罗斯。

1. 成虫背面　2. 成虫腹面

2013年8月　北京怀柔

175 日美冬夜蛾 *Xanthia japonago* (Wileman et West)

形态：成虫翅展约33毫米。头、胸黄色。前翅黄色布有橘红色细点，基横线、内横线橘红色带褐色，环纹、肾纹黄色橘红边，中央有橘红点，中横线、外横线黑褐色，亚端线黑褐色锯齿形。后翅浅黄色。腹部黄色杂褐色。

分布：中国北京、黑龙江，日本，俄罗斯，韩国。

1. 成虫背面　2. 成虫腹面

2013年9月　北京怀柔

176 齿美冬夜蛾 *Xanthia tunicata* Graeser

形态：成虫翅展40～42毫米。头、胸黄色；前翅黄色，各横线棕色，基横线、内横线及外横线均双线，基横线、内横线波浪形，外横线锯齿形，剑纹近圆形，环纹大，肾纹后半有黑棕环，外区前缘有1暗褐三角形斑。后翅黄白色；腹部浅黄色。多型种，有的个体翅中区红褐色。

分布：中国北京、河北、黑龙江、内蒙古，蒙古。

1. 成虫背面　2. 成虫腹面

2014年7月　北京怀柔

177　八字地老虎　*Xestia c-nigrum* (Linnaeus)

形态： 成虫翅展29～36毫米。头、胸褐色。前翅灰褐带紫色，前缘区中段浅褐色，基横线、内横线及外横线均双线黑色，环纹宽V形，肾纹褐色，外缘黑色，前方有2个黑点；亚端线浅黄色，内侧微黑，前端有2黑齿形斜条。后翅黄白微带褐色；腹部褐色带紫。

习性： 寄主为柳、葡萄及禾谷类作物。

分布： 中国全国，日本，朝鲜，印度，以及欧洲、美洲。

1.成虫背面　2.成虫腹面

2013年9月　北京怀柔

178　润鲁夜蛾　*Xestia dilatata* (Butler)

形态： 成虫翅展45～49毫米。头、胸红褐色；前翅红褐色带紫色，各横线黑棕色，内横线较直外斜，中横线模糊，外横线锯齿形，剑纹短钝，环纹斜方形，肾纹边缘黄白及深褐色。后翅暗褐色；腹部灰褐色。

分布： 中国北京、河北、江苏、湖南，日本，印度。

1.成虫背面　2.成虫腹面

2013年9月　北京怀柔

179　褐纹鲁夜蛾　*Xestia fuscostigma* (Bremer)

形态：成虫翅展约35毫米。头、胸及前翅紫褐色。前翅翅脉纹微黑，基横线、内横线及外横线均双线黑棕色，中横线仅前端现1黑棕纹；亚端线浅褐色，内侧前缘脉上有2黑齿纹，中段有几个黑棕点；环纹、肾纹紫灰褐色；中室大部黑棕色，并向后扩展。后翅及腹部浅褐黄色，后翅端区色暗。

分布：中国北京、黑龙江、陕西、河南、湖南，日本，俄罗斯。

1.成虫背面　2.成虫腹面

2013年9月　北京怀柔

180　大三角鲁夜蛾　*Xestia kollari* (Lederer)

形态：成虫翅展47～52毫米。头部灰色带褐，胸部红棕色杂灰色。前翅紫灰色，除前缘区、亚端区外均带褐色；翅脉黑褐，但中脉主干较白；基横线、内横线及外横线均双线黑色，剑纹短，环纹白色；肾纹红褐色，后半黑灰；中室大部黑色，中横线模糊，亚端线不明显。后翅污褐色；腹部褐灰色。

分布：中国北京、黑龙江、内蒙古、新疆、河北、湖南、江西、云南，日本，俄罗斯。

1.成虫背面　2.成虫腹面

2013年8月　北京怀柔

181　前黄鲁夜蛾　*Xestia stupenda* (Butler)

形态：成虫翅展约50毫米。头、胸褐黑色。前翅紫褐灰色，前缘区大部灰黄色，基横线、内横线及外横线均双线黑色，外横线锯齿形，剑纹短肥，环纹、肾纹褐灰色黑边，中室大部黑色，亚端线黑色，外侧衬灰色。后翅褐色；腹部灰褐色。

分布：中国北京、黑龙江、河北、陕西、江苏、浙江、江西、湖南、广东、西藏，日本。

1. 成虫背面　2. 成虫腹面

2013年9月　北京怀柔

182　单鲁夜蛾　*Xestia vidua* (Staudinger)

别名：匹鲁夜蛾。

形态：成虫翅展46～52毫米。头部赭黄色，下唇须大部黑色；颈板赭黄色，端部黑色，胸部紫褐色，足胫节与跗节赭黄色。前翅褐色带有紫色；亚中褶基部有1黑纵纹；基横线双线黑色，波浪形，自前缘脉至亚中褶；内横线双线黑色，波浪形，线间带红褐色；剑纹端部衬黑色，环纹与肾纹有红褐圈，两纹之间及环纹内侧均黑色，环纹斜圆形；中横线模糊黑色，仅中室后明显；外横线双线黑色，锯齿形，齿尖在各翅脉上为黑点，自前缘脉后外弯，至M_3脉后内斜；亚端线由1列赭点组成，在7脉处外突，中段内弯，线内侧1列齿形黑纹。后翅黄褐色。腹部黑褐色，臀毛簇黄褐色。

分布：中国北京、黑龙江、四川，以及西伯利亚。

1. 成虫背面　2. 成虫腹面

2014年8月　北京怀柔

183 镰须夜蛾 *Zanclognatha lunalis* (Scopoli)

别名：朽镰须夜蛾。

形态：成虫翅展约32毫米。头部褐色，颈板与翅基片棕色，胸背褐色，足外侧红棕色。前翅棕褐色带紫色；基横线黑棕色，外弯，微波浪形，自前缘脉至亚中褶；内横线黑棕色，外弯，微波浪形；中横线不清晰，在中室后晕散似成带状；肾纹极窄，黑棕色，弧形；外横线黑棕色，微波浪形，自前缘脉外弯，至M₃脉后较强内弯，亚中褶后稍外斜；亚端线白色近直线内斜，内侧黑棕色；端线黑色。后翅褐色，中横线不明显。亚端线白色，前半不明显。腹部褐色。

分布：中国北京、黑龙江、新疆、湖北、浙江，日本，以及欧洲。

1.成虫背面　2.成虫腹面

2013年8月　北京怀柔

1 苹米瘤蛾 *Mimerastria mandschuriana* (Oberthür)

别名：苹果瘤蛾。

形态：成虫翅展17～26毫米。头、胸白色。前翅黑色，至前缘外横线处及后缘内横线处散布银色鳞片，后缘基部有1白斑，中室近基部、中部及上角各有1大簇竖鳞；内横线黑色，在中脉处折角，其外方从中室至后缘散布铁锈色；外横线从前缘至Cu_1脉成齿状，在M2脉处向外弯，在Cu_2脉处向内折角，然后在2A处向外折角；亚端线波状纹，其内方有暗褐斑；端线铁锈色；缘毛暗褐色。后翅暗褐色。

习性：幼虫为害苹果叶、栎及青冈等叶片。

分布：北京、河北、黑龙江、河南、江西、四川，日本，朝鲜，俄罗斯（西伯利亚）。

1.成虫背面　2.成虫腹面

2014年8月　北京房山

2 白瘤蛾 *Nola aerugula* (Hübner)

别名：锈点瘤蛾。

形态：成虫翅展14～18毫米。体白色。前翅前缘基部褐色，前缘中部散布小褐点，中室近基部、中部及端部各有1簇褐色竖鳞；内横线褐色，在中室折角；外横线褐色，成齿状弯曲，其内边褐色；亚端线为褐色不规则纹，缘毛褐白色。后翅白色，横脉纹暗色。

分布：中国北京、黑龙江，日本，朝鲜。

1.成虫背面　2.成虫腹面

2014年7月　北京怀柔

1 大齿舟蛾 *Allodonta plebeja* (Oberthür)

形态：成虫翅展雄54～56，雌约59毫米。头部与胸部灰褐色，冠形毛簇末端暗褐色，腹部背面黄褐色。前翅暗褐色，前缘外部1/3颜色较淡；内横线黑色，深锯齿形，内衬黄褐色边，中室下方有1条黑色纵线与内横线相连，使整个内横线看似W形；外横线不清晰，由1列黑点组成，斜向外曲；$R_5 \sim M_3$脉间的底色较浅，各脉间均有1黑纵纹。后翅灰褐色。

分布：中国北京、辽宁、湖北、云南、陕西、甘肃，朝鲜，俄罗斯。

1.成虫背面　2.成虫腹面

2013年8月　北京怀柔

舟蛾科 Notodontidae

2 杨二尾舟蛾大陆亚种 *Cerura erminea menciana* Moore

别名： 双尾天社蛾、二尾柳天社蛾、贴树皮、杨二叉。

形态： 成虫翅展雄54～63毫米，雌59～76毫米。下唇须黑色；头和胸部灰白微带紫褐色；胸背有2列6个黑点，翅基片有2黑点；腹背黑色，第一至六节中央有1条灰白色纵带，每节两侧各具1黑点，末端两节灰白色，两侧黑色，中央有4条黑纵线。前翅灰白略带紫褐色，翅脉黑褐色，基部有3黑点鼎立；亚基线由1列黑点组成；内横线3道，最外一道在中室下缘以前断裂成4黑点，内面两道在中室上缘前呈弧形开口于前缘；中横线和外横线（双道）深锯齿状。后翅灰白微带紫色，翅脉黑褐色，横纹脉黑色。

习性： 在辽宁、山东、河北、宁夏等地1年2代，在陕西、河南等地1年3代。均以蛹在厚茧内越冬。老熟幼虫常在树干基部皮缝、树枝分叉处和屋檐木材下咬成碎屑吐丝黏合作茧化蛹。为害多种杨、柳叶片。

分布： 除新疆、贵州、云南、广西和安徽目前尚无记录外，几乎遍布全中国，国外分布于朝鲜、日本、越南。

1.雌成虫背面　2.雌成虫腹面
3.雄成虫背面　4.雄成虫腹面

2013年8月　北京怀柔

3 短扇舟蛾 *Clostera albosigma curtuloides* (Erschoff)

形态： 成虫翅展雄27～36毫米，雌32～38毫米。体色较暗、灰红褐色。前翅顶角斑暗红褐色，斑的内缘具白色边；在Cu_1～M_1脉间呈钝齿形曲较长；外横线从前缘到M_1脉一段白色鲜明，齿形曲。

习性： 为害山杨、日本山杨。

分布： 中国北京、河北、黑龙江、吉林、陕西、青海，日本，朝鲜，俄罗斯。

1.成虫背面　2.成虫腹面

2013年7月　北京延庆

4 杨扇舟蛾 *Clostera anachoreta* (Denis et Schiffermüller)

别名： 白杨天社蛾、杨树天社蛾、小叶杨天社蛾。

形态： 成虫翅展雄26～37毫米，雌34～43毫米。前翅褐灰色；顶角斑暗褐色，扇形，向内伸至中室横脉，向后伸至Cu_1脉；三条横线灰白色具暗边；亚基线在中室下缘断裂错位外斜；内横线外侧有雾状暗褐色，近后缘处外斜；外横线前半段横过顶角斑，呈斜伸的双齿形曲，外衬锈红色斑；中室下内、外横线间有一灰白色斜线；亚端线由1列黑点组成，其中以Cu_2～Cu_1脉间的点较大。后翅灰褐色。

习性： 1年数代，南方较北方多，在辽宁1年2～3代，河北和河南1年4代。陕西和江西1年5～6代。北京1年4代。9月中、下旬老熟幼虫吐丝缀叶作茧化蛹越冬，翌年4、5月羽化第1代成虫，以后大约每隔1个月发生1代。幼虫群栖。成虫产卵多，繁殖快，分布广，大发生时极易成灾。为害杨、柳。

分布： 除新疆、贵州、广西和台湾目前尚无记录外，几乎遍布全中国，国外分布于日本、朝鲜、印度、斯里兰卡、印度尼西亚，以及欧洲。

1.成虫背面　2.成虫腹面

2013年8月　北京平谷

5　黄二星舟蛾　*Euhampsonia cristata* (Butler)

别名：榭天社蛾、大光头。

形态：成虫翅展雄65～75毫米，雌72～88毫米。头和颈板灰白色；胸背灰黄带赭色；腹背褐黄色。前翅黄褐色，中部横线间较灰白，有3条暗褐色横线，内、外横线较清晰，内横线微曲，外横线稍直，中横线呈松散带形，横纹脉由两个同大的黄白色小圆点组成。后翅褐黄色。

习性：在东北1年1代。以蛹在土中越冬，翌年7月左右羽化，幼虫期为8～9月。为害柞树和蒙栎等，大发生时整株叶片被吃光，不仅严重影响柞树生长，而且与柞蚕争食，是柞蚕生产上的一大害。

分布：中国北京、河北、黑龙江、吉林、辽宁、山东、江苏、浙江、安徽、江西、陕西、四川、湖北，日本，朝鲜，俄罗斯，缅甸。

1.成虫背面　2.成虫腹面

2013年8月　北京怀柔

6　锯齿星舟蛾北方亚种　*Euhampsonia serratifera viridiflavescens* Schintlmeister

别名：凹缘舟蛾。

形态：成虫体长31~33毫米；翅展雄约85毫米，雌约101毫米。头和颈板灰白色；胸部背面淡黄褐色；腹部背面黄褐色。前翅黄褐色，中室以下的后缘区较淡，有3条不清晰的横线；内横线呈不规则弯曲，伸达后缘的齿形毛簇；中横线和外横线呈松散的带形，在横脉外弯曲；横脉纹为长椭圆形赭色小斑；脉间缘毛灰白色，其余褐色。后翅暗黄褐色，前缘黄白色，后缘带赭色。

习性：为害栎属植物。

分布：中国北京、浙江、福建、湖南、广西、四川、云南，泰国，越南，缅甸。

1.成虫背面　2.成虫腹面

2013年7月　北京延庆

7 **栎纷舟蛾** *Fentonia ocypete* (Bremer)

别名：细翅天社蛾、罗锅虫、花罗锅、屁豆虫、气虫、旋风舟蛾。

形态：成虫翅展雄44～48毫米，雌46～52毫米。头和胸背暗褐杂有灰白色，腹背灰黄褐色。前翅暗灰褐或稍带暗红褐色，内、外横线双道黑色，内横线以内的亚中褶上有1黑色或带暗红褐色纵纹，外横线外衬灰白边，横脉纹为1苍褐色圆点，横脉纹与外横线间有1大的模糊暗褐色到黑色椭圆形斑。后翅苍灰褐色。

习性：在辽宁1年1代。以蛹越冬，7月初开始羽化，幼虫期从7月下旬到9月末。为害多种栎和栗。

分布：中国北京、河北、黑龙江、吉林、辽宁、浙江、江西、湖南、陕西、湖北、福建、四川、云南，日本，朝鲜，印度，新加坡。

1.成虫背面　2.成虫腹面

2014年7月　北京怀柔

| **8** | **燕尾舟蛾** | *Furcula furcula* (Clerck) |

别名：腰带燕尾舟蛾、绯燕尾舟蛾、小双尾天社蛾、中黑天社蛾、黑斑天社蛾。

形态：成虫体长14～16毫米，翅展33～41毫米。头和颈板灰色；翅基片灰色；胸部背面有4条黑带，带间赭黄色；跗节具白环；腹部背面黑色，每节后缘衬灰白色横带。前翅灰色，内、外横带间较暗呈雾状烟灰色；基部有2黑点；亚基线由4、5个黑点组成，排列成拱形；内横带黑色，中间收缩，两侧饰赭黄色点；外横线黑色，从前缘近翅顶伸至M_3脉呈斑形，随后由脉间月牙形线组成；横脉纹为1黑点；端线由1列脉间黑点组成。后翅灰白色。外带模糊松散，近臀角较暗；横脉纹黑色；端线同前翅。

习性：在宁夏1年2代。9月老熟幼虫在树干结茧化蛹越冬。第一代成虫4月上、中旬出现，幼虫在6月中、下旬发生，7月上旬化蛹；第二代从7月下旬到9月。幼虫为害杨、柳。

分布：中国北京、河北、黑龙江、吉林、内蒙古、湖北、浙江、江苏、陕西、甘肃、新疆、四川、云南，日本，朝鲜，俄罗斯。

1.雌成虫背面　2.雌成虫腹面
3.雄成虫背面　4.雄成虫腹面

1、2.2013年8月　北京怀柔
3、4.2014年5月　北京怀柔

9　杨谷舟蛾　*Gluphisia crenata* (Esper)

形态：成虫翅展29～34毫米。头和胸背部暗褐色，腹背灰褐色。前翅灰色，内半部带褐色，4条横线黑色锯齿状，亚基线不清晰外衬灰白边，内横线在A脉上稍向内弯，内衬灰白边，外横线外衬灰白边，亚端线较松散内衬灰白边，横脉纹月牙形衬灰白边。

习性：为害杨。

分布：中国北京、黑龙江、甘肃，日本。

1.成虫背面　2.成虫腹面

2013年8月　北京怀柔

10　角翅舟蛾　*Gonoclostera timoniorum* (Bremer)

形态：成虫翅展29～33毫米。头和胸背暗褐色。前翅顶角下有1新月形内切缺刻；内、外横线之间有1暗褐色三角形斑，斑尖达于后缘，斑内颜色从内向外逐渐变浅，最后呈灰色，但从横脉到前缘较暗；内、外横线模糊灰白色，内横线仅在后缘1段可见；亚端线模糊暗褐色；外横线与亚端线间的前缘处有1暗褐色影状楔形斑。

习性：为害多种柳。

分布：中国北京、河北、黑龙江、吉林、辽宁、山东、安徽、江苏、浙江、江西、湖南、湖北、陕西，朝鲜，日本，俄罗斯。

1.成虫背面　2.成虫腹面

2013年7月　北京密云

11　黑纹扁齿舟蛾　*Hiradonta chi* (O. Bang-Haas)

形态：成虫雄翅展39～43毫米。头和胸背暗灰褐色，胸背有1较浓的钟罩形黑纹，腹部灰黄褐色。前翅暗灰褐带紫色，前缘外侧1/3苍褐色，内、外横线黑色锯齿形，分别在内外侧各衬苍褐边，亚中褶上有1浓黑纹，两端与内、外横线相连，横脉纹浓黑色。后翅苍褐色。

分布：北京、河北、甘肃。

1.成虫背面　2.成虫腹面

2014年7月　北京怀柔

12　木蠹舟蛾　*Hupodonta lignea* Matsumura

形态：成虫翅展雄约48毫米，雌55～65毫米。雄蛾前翅黄白色散布褐色鳞片，以前缘基部和端部以及翅端部居多而形成暗斑，翅中部有数条黑色纵纹；内横线锯齿状；外横线模糊的锯齿状；亚端线黄白色，锯齿状；外横线与亚端线间为锈褐色，靠亚端线处色更暗；端线细，暗褐色。雌蛾前翅底色灰白，几乎布满了褐色鳞片，斑纹与雄蛾相同。后翅褐色，外缘暗褐色，雄蛾色比雌蛾浅，可见暗色的外横线。

分布：北京、湖南、四川、云南、陕西、甘肃、台湾。

1.成虫背面　2.成虫腹面

2013年7月　北京怀柔

13 　银二星舟蛾　*Lampronadata splendida* (Oberthür)

形态：成虫翅展雄59～64毫米，雌约74毫米。头和颈板灰白色，胸背和冠形毛簇柠檬黄色，腹部背面淡褐黄色。前翅灰褐色，前缘灰白色，尤其以外侧1/3较显著，Cu_2脉和中室下方的整个后缘区柠檬黄色，外缘缺刻小；内、外横线暗褐色呈V形汇合于后缘中央；横脉纹由2个银白色的圆点组成，银点周围柠檬黄色。后翅暗灰褐色，前缘灰白色。

习性：为害蒙栎。

分布：中国北京、河北、黑龙江、吉林、辽宁、陕西、安徽、江西、浙江、湖北、湖南等，日本，朝鲜，俄罗斯。

1.成虫背面　2.成虫腹面

2013年8月　北京怀柔

14 　弯臂冠舟蛾　*Lophocosma nigrilinea* (Leech)

形态：成虫翅展雄46～55毫米，雌60～65毫米。头和颈板暗红褐色到黑褐色，雄触角的栉齿较短；胸部背面灰白杂有淡褐色；腹部背面灰褐色到黑褐色。前翅灰褐色，基半部密布灰白色鳞片；5条暗褐色横线在前缘均呈不同大小的斑，其中以中横线的最大，在到达中室下角时呈钝角状向外拐，直达外缘，形成1条弯臂状黑带；基横线不清晰波浪状；内横线波浪状，不清晰；外横线锯齿形，但仅在脉上一点较可见，外衬1列灰白色；亚端线为1模糊的波浪形宽带，向内扩散可达中横线；脉间缘毛末端灰白色。后翅灰褐色，缘毛同前翅。

分布：北京、浙江、山西、湖北、四川、陕西、甘肃、台湾。

1.成虫背面　2.成虫腹面

2013年7月　北京怀柔

15 北京冠齿舟蛾 *Lophontosia draesekei* (O. Bang-Haas)

形态：成虫体长 10 ~ 11 毫米；翅展雄 28 ~ 30 毫米，雌 31 ~ 33 毫米，头部、胸部和腹部灰带褐色。前翅灰褐色，后缘齿形毛簇较大较钝圆，内、外横线之间不特别暗；内、外横线锯齿形，它们的内、外侧各衬 1 条灰白边；内横线在亚中褶上呈角形曲；亚端线不见，只有在外横线外侧 $M_2 ~ R_2$ 脉间有 2 条黑褐色纵纹；端线细，由脉间黑褐点组成。后翅赭褐色，臀角无黑白点组成的斑纹。

分布：北京、江苏、陕西、甘肃。

1. 成虫背面　2. 成虫腹面

2013年8月　北京怀柔

16 赭小舟蛾 *Micromelalopha haemorrhoidalis* Kiriakoff

形态：雄成虫翅展 26.5 ~ 28.5 毫米。头和胸部暗红褐色，腹部灰褐色。前翅红褐带灰紫色，中室下的后缘区和顶角下（特别是 $Cu_1 ~ M_1$ 脉间）暗红褐色，三条灰白色横线与杨小舟蛾近似，但不如后者清晰；雄性外生殖器爪形突较长大，末端分成 2 小圆叶，抱器瓣椭圆形，基部突起细长角形，阳茎中央有 1 大而尖削的阳茎刺。

分布：北京、河北、山西、内蒙古、湖北、四川、云南、西藏、陕西、甘肃。

1. 成虫背面　2. 成虫腹面

2013年7月　北京怀柔

17 杨小舟蛾 *Micromelalopha sieversi* (Staudinger)

别名： 杨褐天社蛾、小舟蛾。

形态： 成虫翅展22～26毫米。本种有黄褐、红褐和暗褐等颜色的变异。前翅有3条灰白色横线，每线两侧具暗边；亚基线微波浪形；内横线在亚中褶下呈屋顶形分叉，外叉不如内叉明显；外横线波浪形，亚端线由脉间黑点组成波浪形，横脉纹为1小黑点。后翅臀角有1赭色或红褐色小斑。

习性： 在河南1年3代。9月初第三代老熟幼虫开始在树洞、落叶、墙缝和屋角等处吐丝结茧化蛹越冬，翌年4月下旬开始羽化第一代成虫，第二、三代成虫分别于6月和8月出现，幼虫自5月上旬出现，一直持续到9月。为害杨、柳。

分布： 中国北京、河北、黑龙江、吉林、山东、河南、安徽、江苏、浙江、江西、湖北、陕西、四川，日本，朝鲜。

1.成虫背面　2.成虫腹面

2014年6月　北京延庆

18 榆白边舟蛾 *Nericoides davidi* Oberthür

别名： 榆天社蛾、榆红肩天社蛾。

形态： 成虫翅展雄32.5～42毫米，雌37～45毫米。体灰褐色，翅基片灰白色。前翅前半部暗灰褐带棕色，其后方边缘黑色，沿中室下缘纵行在Cu_2脉中央稍下方呈1大齿形曲；后半部灰褐蒙有一层灰白色，尤与前半部分界处似呈一白边；前缘外半部有1灰白色纺锤形影状斑；内、外横线黑色，内横线在中室中央下方膨大成1近圆形斑点，外横线锯齿形。后翅灰褐色具1模糊暗色外带。

习性： 在北京1年2代，在陕西1年4代。以蛹在树下周围土壤内越冬，翌年4月中旬开始羽化，第二、三、四代成虫分别发生在7、8、9月，幼虫自4月下旬出现持续到10月。为害榆树。

分布： 中国北京、河北、山东、陕西、山西、黑龙江、吉林、辽宁、内蒙古、安徽、河南、江西、湖北，日本，朝鲜，俄罗斯。

1.成虫背面　2.成虫腹面

2013年7月　北京怀柔

19 仿白边舟蛾 *Paranerice hoenei* Kiriakoff

形态：成虫翅展雄49～52.5毫米，雌51～61毫米。头、胸部暗褐色，翅基片灰白色，腹部灰褐色。前翅前半部暗褐色，其后方边缘直，黑褐色；后半部在分界处白色，往后逐渐变成灰褐色，中央有1大的黑褐色梯形斑，具白边；前缘外半部有1纺锤形灰白色影形斑，内、外横线不清晰。后翅雄蛾灰白色，雌蛾暗灰褐色。

习性：为害桃、苹果。

分布：中国北京、河北、辽宁、山西、陕西、甘肃、黑龙江、吉林、内蒙古、山东、江苏、江西、陕西、朝鲜，日本，俄罗斯。

1.成虫背面　2.成虫腹面

2014年7月　北京房山

20 厄内斑舟蛾 *Peridea elzet* Kiriakoff

形态：雄成虫体长19～23毫米，翅展46～54毫米。头和胸部背面灰褐色，翅基片边缘黑色，腹部背面灰褐色。前翅暗灰褐带暗红色，齿形毛簇黑褐色，4条横线暗红褐色；亚基线双齿形曲，两侧衬浅黄色边；内横线波浪形，其中中央的弧度最大，内侧衬浅黄色边；外横线锯齿形，前缘一段较显著，外侧衬浅黄色边；亚端线模糊，由1列脉间暗红褐色点组成；端线细，暗褐色；横脉纹暗红褐色，周围衬浅黄色边。后翅灰褐色，前缘和外缘较暗，后缘带褐黄色；外横线和亚端线模糊，灰白色；端线细，黑褐色；缘毛浅灰黄色。

分布：中国北京、河北、辽宁、山西、江苏、浙江、福建、江西、湖北、湖南、四川、云南、陕西、甘肃，日本，朝鲜。

1.成虫背面　2.成虫腹面

2014年7月　北京怀柔

21　侧带内斑舟蛾　*Peridea lativitta* (Wileman)

形态：成虫翅展雄53～54毫米，雌58～65毫米。头和胸背灰褐色，腹背灰褐带赭黄色。前翅灰褐色，从基部沿亚中褶到亚端线有赭黄色宽带，亚基线和内横线较清晰，暗红褐色，内横线锯齿形内衬灰白边，横脉线暗褐色周围灰白色，外横线暗褐色锯齿形，在前后缘较清晰，外衬灰白色；后翅灰白色，雌蛾有1条不清晰灰褐色外带。

分布：中国北京、黑龙江、吉林、山东，日本，朝鲜。

1.成虫背面　2.成虫腹面

2013年7月　北京怀柔

22　栎掌舟蛾　*Phalera assimilis* (Bremer et Grey)

别名：栎黄斑天社蛾、黄斑天社蛾、榆天社蛾、彩节天社蛾、肖黄掌舟蛾。

形态：成虫翅展雄44～45毫米，雌48～60毫米。前翅银白色光泽较不显著，外横线沿顶角斑内缘一段棕色，亚端线脉间黑点不清晰，中室内有1较清晰的小环纹，在后缘的内横线内侧和外横线外侧各有1暗褐色影形状斑。

习性：在北方和浙江1年1代。8月下旬到9月以后老熟幼虫沿寄主植物下行至根部周围入土化蛹越冬，翌年7月中旬开始羽化，羽化期可持续到9月上旬。幼虫8、9月为害，三龄前常群栖叶背面剥食叶肉。为害栎属植物，也有记载为害白杨和榆树。

分布：中国北京、河北、辽宁、吉林、黑龙江、山东、安徽、河南、湖北、江苏、浙江、江西、陕西、四川，朝鲜，日本，俄罗斯，德国。

1.成虫背面　2.成虫腹面

2014年7月　北京怀柔

23 苹掌舟蛾 *Phalera flavescens* (Bremer et Grey)

别名：舟形毛虫、舟形蛄蟖、举尾毛虫、苹黄天社蛾、黑纹天社蛾。

形态：成虫翅展雄34～50毫米，雌44～66毫米。前翅淡黄白色，顶角无掌形斑，有2个醒目的暗灰褐色斑，一个在中室下近基部，圆形，外侧衬黑褐色半月形斑，中间有1红褐色纹相隔，另一个在外缘区呈带形，从臀角至M₁脉逐渐变细，内衬黑褐色波浪形边，两斑之间有3～4条不清晰的黄褐色波浪形线。幼虫头黑色，体紫红色，密被长白毛，四龄后体色加深，老熟时呈紫黑色，毛灰黄色，亚背线和气门上线灰白色，气门下线和腹线暗紫色。

习性：1年发生1代。在北方9月上、中旬（南方约迟半月）老熟幼虫入土化蛹越冬，翌年7月中、下旬开始羽化，成虫8月中旬最盛，南方羽化期可延续至9月。幼虫8～10月都有出现，三龄前常群栖在叶片背面剥食叶肉，三龄后逐渐分散，大发生时常常整株叶片被吃光，然后成群结队下树迁移至邻近植株为害。幼虫静止时首尾翘起形似小舟，故有舟形毛虫之称。为害苹果、梨、杏、桃、李、梅、樱桃、山楂、枇杷、海棠、沙果等果树。

分布：我国除新疆、宁夏、甘肃、西藏和贵州尚无报道外几乎遍布全国，国外分布于日本、朝鲜、俄罗斯等国。

1.成虫背面　2.成虫腹面　3、4.幼虫

2013年8月　北京怀柔

24　刺槐掌舟蛾　*Phalera grotei* Moore

形态：成虫翅展雄62～93毫米，雌89～92毫米。触角基部毛簇和头顶白色；颈板黄褐色，胸背暗褐色，中央有2条和后缘有1条黑褐色横线，翅基片灰褐色；腹背黑褐色，每节后缘具灰黄白色横带，末端两节灰色。前翅暗灰褐到灰棕色，基部前半部和臀角附近的外缘稍灰白色，顶角斑暗棕色，掌形，斑内缘弧形平滑，5条横线黑色，内、外横线之间有4条不清晰暗褐色波浪形影状带，横纹脉（肾形）和环纹灰白色。

习性：为害刺槐。

分布：中国北京、河北、辽宁、山东、浙江、江西、广西、广东、四川、云南，缅甸。

1.成虫背面　2.成虫腹面

2014年7月　北京延庆

25　榆掌舟蛾　*Phelera fuscescens* (Butler)

别名：顶黄斑天社蛾、榆毛虫、黄掌舟蛾。

形态：成虫翅展雄42～53毫米，雌53～60毫米。前翅灰褐带银色光泽，前半部较暗，后半部较明亮；顶角斑淡黄白色，似掌形；中室内和横脉上各有1个淡黄色环纹；亚基线、内横线和外横线黑褐色较清晰，外横线沿顶角斑内缘弯曲伸至后缘，波浪形，外横线外侧近臀角处有1暗褐色斑，亚缘线由脉间黑褐色点组成，端细线、黑色。

习性：在北方1年1代。8月下旬至9月以后老熟幼虫沿寄主植物下行至根部周围入土化蛹越冬，翌年7月中旬开始羽化，羽化期可持续到9月上旬。幼虫8、9月为害。主要为害榆、糙叶树等。

分布：中国北京、河北、黑龙江、辽宁、内蒙古、安徽、浙江、江苏、江西、福建、湖南、陕西、云南，日本、朝鲜。

1.成虫背面　2.成虫腹面

2013年7月　北京怀柔

26　杨剑舟蛾　*Pheosia rimosa* Packard

别名：杨白剑舟蛾。

形态：成虫雌翅展49～57毫米。头暗褐色，颈板和胸背灰色，腹背灰褐色，近基部黄褐色。前翅灰白色，A脉下从基部到齿形毛簇呈1灰黄褐斑，其上方有1条黑色影状纵带从基部伸至外缘，接着呈灰褐色向上扩散到近翅尖；纵带和黄褐斑之间有1白线从基部伸至A脉2/5处间断并呈齿形曲，在外缘亚中褶的前方有1白色楔形纹，前缘外侧3/4灰黑色，中央有2个距离较宽的影状斑，M_1～R_4脉间有2条黑色斜纹，外横线黑色内衬白边，Cu_2～M_3脉端部白色。后翅灰白带褐色，臀角灰黑色内有1灰白色横带。

习性：为害杨。

分布：中国北京、河北、黑龙江、吉林、内蒙古，日本，朝鲜，俄罗斯。

1. 成虫背面　2. 成虫腹面

2014年5月　北京怀柔

27　红羽舟蛾　*Pterostoma hoennei* Kiriakoff

形态：成虫翅展雄44～50毫米，雌50～58.5毫米。个体小，底色较暗，虫体带红褐色。前翅暗色，中带内外两侧淡黄色似呈二横带，外横线以外的外缘区较暗，其中在Cu_1～M_3脉间被模糊淡黄色纵纹间断，所有横线较清晰，尤以亚端线的一列黑点和端线显著，两性外生殖器明显。

习性：为害槐。

分布：北京、河北、山西、陕西、甘肃。

1. 成虫背面　2. 成虫腹面

2013年8月　北京怀柔

28 　槐羽舟蛾　*Pterostoma sinicum* Moore

别名：白杨天社蛾、国槐羽舟蛾。

形态：成虫翅展雄56～64毫米，雌68～80毫米。头和胸背稻黄带褐色，腹背暗灰褐色。前翅稻黄褐色到灰黄褐色，后缘梳形毛簇暗褐色到黑褐色；翅脉黑色，脉间具褐色纹；基横线和内、外横线暗褐色双道锯齿形，基横线深双齿形曲，内横线前半段不清晰，外横线在前缘下几乎呈直角形曲，以后弧形外曲伸达后缘缺刻外方，内、外横线间有1模糊影状带，亚端线由1列内衬灰白色的暗褐点组成。后翅暗褐到黑褐色。

习性：北京1年2代。9月以后老熟幼虫入土吐丝作茧化蛹越冬，翌年5月下旬开始羽化第一代成虫，第二代成虫于7～9月出现，两代幼虫期分别为6～7月和8～9月。为害槐、洋槐、多花紫藤和朝鲜槐。

分布：中国北京、河北、黑龙江、山东、安徽、江苏、浙江、江西、陕西、山西、湖北、广西、四川，日本，朝鲜，俄罗斯。

1.成虫背面　2.成虫腹面

2013年8月　北京怀柔

29 　苔岩舟蛾陕甘亚种　*Rachiades lichenicolor murzini* Schintlmeister et Fang

形态：成虫翅展雄55～65毫米，雌70～75毫米。头部灰褐色，胸部灰与褐色混杂；翅基片末端多黑色；腹部褐色到黄褐色，基毛簇黑色。前翅底色为褐色、棕褐色到黑褐色，前缘散布白色鳞片，中室端有1枚较大的肾形白斑；内横线大锯齿状，双道，内道不太明显；外横线锯齿状，亚端线由1列短纹组成。后翅灰白到浅棕褐色，前缘和臀角暗褐色，有时有不明显的中横线和外带。两翅底色棕褐色，后翅尤其如此，前翅白斑不太明显。

分布：北京、湖北、陕西、甘肃。

1.成虫背面　2.成虫腹面

2014年6月　北京怀柔

30　锈玎舟蛾　*Rosama ornata* (Oberthür)

形态：成虫翅展31.5 ~ 36毫米。头和胸背锈红褐色，颈板灰白色，腹背浅灰褐色。前翅锈红褐色，前缘灰白色从基部向外渐缩小伸达翅尖，下面衬有1条灰褐色影状纵带，向外延伸到M_2 ~ M_1脉间的灰白色楔形纹基部；中室下基部锈红色雾点散布在黄的底色上；Cu_2脉基部有1小三角形银白色斑，雌蛾银斑较小或消失；横线暗红褐色，内横线不清晰，在银点下隐约可见；外横线双道，内面1条略呈S形，外面1条由1列脉上小点组成；亚端线波浪形内衬灰白边。后翅苍灰褐色。

习性：在北京1年1代。9月中、下旬老熟幼虫吐丝缀叶作茧化蛹，翌年5月下旬开始羽化，幼虫期为7 ~ 8月。为害胡枝子属植物。

分布：中国北京、河北、黑龙江、辽宁、江苏、浙江、江西、湖南、云南，日本，朝鲜。

1.成虫背面　2.成虫腹面

2013年8月　北京怀柔

31　沙舟蛾　*Shaka atrovittatus* (Bremer)

别名：黑条沙舟蛾。

形态：成虫翅展雄47 ~ 57毫米，雌60 ~ 64毫米。头和胸背灰褐色，颈板前后缘具棕黑色横线，翅基片边缘黑色，腹部浅灰黄褐色。前翅青灰带棕色，中室下方有1大的棕黑色纵纹，从基部沿亚中褶向外伸至Cu_2脉后稍向上翘，但不达外缘；翅脉棕黑色；基横线从前缘到纵纹一段隐约可见，双齿形曲，内、外横线锯齿形，外横线外衬灰白色，外横线外侧近翅尖和M_3 ~ M_1脉间各有1棕黑色斑；横脉纹黑色周围较明亮。后翅灰褐色，基部和内缘较淡，有1模糊灰白色外带。

习性：为害槭属。

分布：中国北京、河北、辽宁、江西、黑龙江、安徽、陕西、四川，朝鲜，日本。

1.成虫背面　2.成虫腹面

2014年7月　北京怀柔

32 丽金舟蛾 *Spatalia dives* Oberthür

形态：成虫雄翅展37～41毫米。头和胸背暗红褐色，后胸背有2白点，腹背灰褐色。前翅暗红褐色，翅脉黑色，基部中央有1黑点；中室下方有3个较大的多角形金色斑，从中室下缘近中央斜向后缘排成1行，前2金斑内侧伴有2～3个小金点，金斑外侧有1条不清晰的波浪形金线；外横线仅在4脉前一段可见，呈暗褐色斜影，亚端线不清晰。后翅浅黄灰带褐色。

习性：为害蒙栎。

分布：中国北京、河北、黑龙江、吉林、辽宁、湖北、湖南、贵州、陕西、台湾，日本，朝鲜，俄罗斯。

1. 成虫背面　2. 成虫腹面

2014年6月　北京延庆

33 艳金舟蛾 *Spatalia doerriesi* Graeser

形态：雄成虫翅展39～43毫米。头和颈板暗灰褐色，胸背赭黄到锈红褐色，腹部灰黄到暗褐色。前翅暗灰褐或黄褐色，基部有1黑点；中室下缘中央有1大三角形银斑，斑的两侧上下端共伴有4个银点，上端的较大，外上端的Cu_2、Cu_1脉基部呈双齿形，其外侧又衬有2个小银点，银斑周围锈红褐色；前缘中央稍灰白色，有2～3条斜伸的影状带；外横线仅从前缘到M_3脉一段可见，灰黄白色两侧具暗色；亚端线灰黄白色锯齿形，从M_1脉端部开始呈1楔形纹，外横线与亚端线间有1模糊暗带。后翅暗灰褐色。

习性：为害蒙栎。

分布：北京、河北、黑龙江、吉林、陕西、四川。

1. 成虫背面　2. 成虫腹面

2013年7月　北京平谷

34 茅莓蚁舟蛾 *Stauropus basalis* Moore

形态： 成虫翅展雄35～43毫米，雌42～47毫米。体灰褐色，翅基片较灰色，腹背第一至五节上的毛簇棕黑色。前翅灰褐带棕色，内半部灰白色，基部有1棕黑色点；内横线不清晰；外横线灰黄白色具棕褐色边，前半段弧形外曲，后半段弱锯齿形从中室下角几乎垂直于后缘，横脉纹暗棕色。后翅灰褐带棕色，前缘较暗并具2灰白斑。

习性： 为害茅梅、千金榆。

分布： 中国北京、河北、黑龙江、山东、湖北、江苏、浙江、台湾、江西、四川、云南，日本，朝鲜，俄罗斯，越南。

1.成虫背面　2.成虫腹面

2014年8月　北京怀柔

35 核桃美舟蛾 *Uropyia meticulodina* (Oberthür)

别名： 核桃天社蛾、核桃舟蛾。

形态： 成虫翅展雄44～53毫米，雌53～63毫米。头赭色，胸背暗棕色。前翅暗棕色；前后缘各有1个大黄褐色斑，前者几乎占满了中室以上的整个前缘区，呈大刀形，后者半椭圆形，每斑内各有4条衬明亮边的暗褐色横线；横脉纹暗褐色。后翅淡黄色，后缘稍暗。

习性： 在北京1年2代。入秋后老熟幼虫吐丝缀叶化蛹越冬，翌年5～6月和7～8月分别羽化第一、二代成虫，卵散产，幼虫6月和8～9月出现。为害核桃、胡桃。

分布： 中国北京、河北、黑龙江、辽宁、山东、江苏、浙江、江西、福建、湖南、湖北、陕西、四川，朝鲜，日本，菲律宾。

1.成虫背面　2.成虫腹面

2013年8月　北京怀柔

36 **梨威舟蛾** *Wilemanus bidentatus* (Wileman)

别名：黑纹银天社蛾。

形态：成虫翅展35.5～40毫米。雄蛾触角双栉形，两侧栉齿同长，分枝接近到末端。头和胸背灰白带褐色，颈板和翅基片后缘衬黑色，后胸中央有1黑褐色横线。前翅灰白微带褐色；有2个暗褐色斑，一大一小，大斑几乎全占翅的内半部，在中室下分叉呈双齿形，外叉下缘有一显著的黑色亚中褶纹，小斑在前缘外横线与亚端线之间，近三角形，内有2条黑色楔形纹；横脉纹黑色微弯，内、外横线和亚端线均为1模糊灰白色带，内横线仅在大斑下一段可见，外横线和亚端线锯齿形。后翅灰褐色，具模糊灰白色外带。

习性：在北京1年1代，8月中、下旬老熟幼虫入土作茧越冬，翌年6月下旬开始羽化。卵散产，约产后12天孵化。幼虫散居，7、8月为害，静止时多在叶柄处爬伏不易被发觉。为害梨、苹果。

分布：中国北京、河北、辽宁、江苏、安徽、江西、山东、湖南、陕西、湖北、广西、广东、福建、四川、云南，日本，朝鲜，俄罗斯。

1.成虫背面　2.成虫腹面

2013年7月　北京怀柔

1 野卡织蛾 *Casmara agronoma* Meyrick

形态：成虫翅展约36毫米。头部灰白色，散生褐色鳞片。前翅狭长，前缘和后缘几乎平行，外缘倾斜；翅面散生赭黄色鳞片，有若干大黑斑、小白斑、赭黄色斑和不规则的短白线；前缘区基部1/3处有1列赭黄色的竖立鳞毛簇，2/3处有1赭黄色长斑；中室基部、中部和末端都有赭黄色鳞毛簇；从前缘中部到顶角以及外缘有1系列白斑。后翅灰色。

分布：中国北京、河南、浙江、湖南、湖北、安徽、江西、福建、广东、贵州，韩国，日本，印度。

1.成虫背面　2.成虫腹面

2013年8月　北京怀柔

2 大黄隐织蛾 *Cryptolechia malacobysa* Meyrick

形态：成虫翅展约18毫米。头部黄褐色，触角褐色；唇须黄褐色，镰刀形，第二节略比第三节长，末端尖，向上举。前翅黄色，顶角圆形，有褐色斑和点，翅中央有点，前缘2/3到臀角有1横带，外缘上有分散斑点。后翅灰褐色。足淡黄色，有褐色斑。

分布：中国北京、山东、江苏、浙江、安徽、上海、福建、台湾，日本。

1.成虫背面　2.成虫腹面

2014年8月　北京房山

3 米仓织蛾 *Martyringa xeraula* (Meyrick)

形态：成虫翅展约20毫米。体黄褐色，头部有丛毛，唇须发达，向上曲，超过头顶。前翅长椭圆形，黄褐色至灰褐色，翅面杂生灰黑色及灰黄色鳞片，在近亚缘线处有1淡色W形横纹，在翅中央有1淡色椭圆形斑，在淡色斑中有1明显黑色斑。后翅淡灰黄色。

习性：幼虫喜蛀食大米并吐丝缀连碎屑成巢。

分布：北京、河北、山东、江苏、浙江、安徽、上海、福建、台湾。

1.成虫背面　2.成虫腹面

2014年6月　北京延庆

1　绿尾大蚕蛾　*Actias ningpoana* (Felder)

形态: 成虫翅展59～63毫米,体长35～45毫米。头灰褐色,头部两侧及肩板基部前缘有暗紫色横切带;触角土黄色,雄、雌均为长双栉形;体被较密的白色长毛,有些个体略带淡黄色;翅粉绿色,翅基部有较长的白色绒毛。前翅前缘暗紫色,混杂有白色鳞毛,翅脉及两条与外缘平行的细线均为淡褐色,外缘黄褐色;中室端有1个眼形斑,斑的中央在横脉处呈1条透明横带,透明带的外侧黄褐色,内侧内方橙黄色,外方黑色,间杂有红色月牙形纹。后翅自M_3脉以后延伸成尾形,长达40毫米,尾带末端常呈卷折状;中室端有与前翅相同的眼形纹,只是比前翅的略小些;外线单行黄褐色,有的个体不明显;胸足的胫节和跗节均为浅绿色,被长毛。一般雌蛾色较浅,翅较宽,尾突亦较短;不同世代的个体大小也有变化,一般情况下越冬成虫体偏小;不同个体尾突有变形。取食不同寄主的个体也有大小、深浅不同颜色的变化。

习性: 1年发生2代,少数地区发生3代,北京5、7、9月灯下可见成虫。每雌可产卵二三百粒,以蛹在茧内附着在树干或其他物体上过冬。寄主为柳、枫杨、栗、乌桕、木槿、樱桃、苹果、胡桃、樟树、桤木、梨、沙果、杏、石榴、喜树、赤杨、鸭脚木。

分布: 中国北京、河北、辽宁、吉林、河南、江苏、浙江、江西、湖北、湖南、福建、广东、海南、广西、四川、云南、西藏、台湾,日本。

1.成虫背面　2.成虫腹面

2014年5月　北京大兴

2 樗蚕 *Philosamia cynthia* Walker et Felder

别名：椿蚕。

形态：成虫翅展127～130毫米。头部四周及颈板前缘、前胸后缘及腹部的背线、侧线和腹部末端为粉白色，其他部位为青褐色；翅顶宽圆略突出，有1黑色圆斑，上方有弧形白色斑。前翅内横线及外横线均为白色，有棕褐色边缘，中室端部有较大的新月形半透明斑，前缘色较深，后缘黄色。

习性：1年发生1～2代。北京5、7、8月灯下可见成虫。在寄主枝叶间结黄褐色丝茧化蛹越冬。寄主为臭椿、乌桕、冬青、含笑、梧桐、樟树。

分布：中国北京、河北、山东、山西、江西、浙江、江苏、上海、河南、广东、海南，朝鲜，日本。

1

2

1.成虫背面　2.成虫腹面

2014年5月　北京大兴

1 葡萄缺角天蛾 *Acocmeryx naga* (Moore)

形态： 成虫翅展105～110毫米。体灰褐色，颈板及肩板边缘有白色鳞毛，腹部各节有棕色横带。前翅各横线棕褐色，亚外缘线达到后角，顶角端部直稍内陷，有深棕色三角形斑及灰白色月牙形环纹，中室端近前缘有灰褐色盾形斑。后翅前缘及内横线灰褐色，中部及外缘茶褐色，有棕色横带。翅反面锈红色，前缘及外缘灰褐色。后翅各横线明显赭褐色。

习性： 为害葡萄、猕猴桃、葎草、葛藤。

分布： 中国北京、河北、浙江，日本，朝鲜，印度。

1.成虫背面　2.成虫腹面

2013年8月　北京平谷

2 白薯天蛾 *Agrius convolvuli* (Linnaeus)

形态： 成虫翅展90～110毫米。体翅暗灰色，肩板有黑色纵线，腹部背面灰色，各节两侧有白、红、黑3条横纹。前翅内、外、中横线各为两条深棕色的尖锯齿线，M_3及C_{u1}脉的颜色较深，顶角有黑色斜纹；后翅有4条暗褐色横带，缘毛白色与暗褐色相杂。

习性： 在北京1年发生1代或2代。以老熟幼虫在土中化蛹作室越冬，成虫5月或10月上旬出现。为害扁豆、赤小豆及旋花科植物。

分布： 中国北京、河北、河南、山东、山西、安徽、浙江、广东、台湾，日本，朝鲜，印度，俄罗斯，英国。

1.成虫背面　2.成虫腹面

2014年6月　北京顺义

3　日本鹰翅天蛾　*Ambulyx japonica* (Rothschild)

形态：成虫翅展约100毫米。体翅粉灰色，胸部两侧深绿褐色，腹部背线不显著，第六、七节两侧有绿褐色斑。前翅基部有1小黑点，内横线褐绿色较宽大，中横线由两条较细的波状纹组成，外横线黑褐色，外横线至外缘间呈弓形灰褐色宽带，顶角有1褐色斜线直达第七脉横线，中室端横脉上有1小黑点；后翅灰橙色，有棕黑色横线，后缘呈棕黑色宽带。

习性：1年发生1代。成虫6、7月出现。为害槭科树木。

分布：中国北京、陕西、台湾，日本，朝鲜。

1.成虫背面　2.成虫腹面

2013年7月　北京延庆

4　核桃鹰翅天蛾　*Ambulyx schauffelbergeri* (Bremer et Grey)

形态：成虫翅展98～105毫米。头部颜面白色，与头顶交界处绿褐色，胸部两侧绿褐色、腹部第六两侧及第八节背面有褐色斑。前翅基部附近、前缘和第A脉室有褐绿色圆形纹，中横线、外横线稍显暗褐不明显，外横线内侧有波状细纹，亚外缘线棕色，顶角弓形向后角弯曲，中室横脉上有1棕黑色斑点；后翅茶褐色，布满暗褐色斑纹。

习性：每年发生1代，以蛹过冬，成虫7月出现，有趋光性。为害枫杨、核桃、栎。

分布：中国北京、河北、黑龙江、吉林、辽宁、浙江，日本，朝鲜。

1.成虫背面　2.成虫腹面

2014年8月　北京怀柔

5　黄脉天蛾　*Amorpha amurensis* Staudinger

形态：成虫翅展80～90毫米。体翅灰褐色，翅上斑纹不明显，内、外横线由两条黑棕色波状纹组成，外缘自顶角到中部有棕色斑。前翅脉被黄褐色鳞毛，较明显，各翅脉端部向外突出，形成锯齿状外缘。后翅横脉黄褐色极明显。

习性：每年发生1～2代。以蛹越冬。为害马氏杨、小叶杨、山杨、桦、椴、榉等。

分布：中国北京、天津、河北、内蒙古、辽宁、吉林、黑龙江、四川、重庆、新疆，日本，俄罗斯。

1.成虫背面　2.成虫腹面

2013年8月　北京怀柔

6　葡萄天蛾　*Ampelophaga rubiginosa* Bremer et Grey

形态：成虫翅展85～100毫米。体翅茶褐色，体背自前胸至腹部末端有红褐色纵线1条，腹面色淡呈红褐色。前翅顶角较突出，各横线都为暗茶褐色，中横线较粗而弯曲，外横线较细波纹状，近外缘有不明显的棕褐色带，顶角有较宽的三角形斑1块，缘毛色稍红。前、后翅反面红褐色，各横线黄褐，前翅基半黑灰色，外缘红褐色。

习性：每年发生2代。成虫7、9月出现，以蛹过冬。为害葡萄、黄荆。

分布：中国北京、河北、河南、山西、山东、辽宁、吉林、黑龙江、云南、贵州、四川、重庆、广东（沿海岛屿），朝鲜，日本，印度。

1.成虫背面　2.成虫腹面

2013年8月　北京怀柔

7 **榆绿天蛾** *Callambulyx tatarinovi* (Bremer et Grey)

形态： 成虫翅展75～79毫米。翅面深绿，胸背墨绿色。前翅前缘顶角有1块较大的三角形深绿色斑，内横线外侧连成1块深绿色斑，外横线呈两条弯曲波状纹，翅反面近基部后缘淡红色。后翅红色，近后角墨绿色，外缘淡绿；翅反面黄绿色。腹部背面粉绿色，每节后缘有棕黄色横纹1条。

习性： 每年发生2代。以蛹越冬。主要为害榆、刺榆、柳。

分布： 中国北京、河北、山西、内蒙古、陕西、宁夏、山东、河南、辽宁、吉林、黑龙江、朝鲜，日本，俄罗斯等国。

1.成虫背面　2.成虫腹面

2014年8月　北京怀柔

8 **条背天蛾** *Cechenena lineosa* (Walker)

形态： 成虫翅展约100毫米。体灰橙色，胸部背面灰褐色，腹部背面有棕黄色条纹，两侧有灰黄色及黑色斑，体腹面灰白色，两侧橙黄色。前翅自顶角至后缘基部有橙灰色斜纹，前缘部位有黑斑，翅基部有黑、白毛丛，中室端有黑点。顶角较尖黑色。后翅黑色，有灰黄色横带；翅反面橙黄色，外缘灰褐色，顶角内侧前缘上有黑斑，各横线灰黑色。

习性： 主要为害葡萄及凤仙花属植物。

分布： 中国北京、四川（会理）、广东、广西、海南、台湾，日本，越南，印度，马来西亚，印度尼西亚（爪哇、苏门答腊）。

1.成虫背面　2.成虫腹面

2014年6月　北京延庆

9　南方豆天蛾　*Clanis bilineata* (Walker)

形态： 成虫翅展115～130毫米。体翅灰黄色，胸部背线紫褐色，腹部背面灰褐，两侧枯黄，第五至七节后缘有棕色横纹；中足及后足胫节外侧银白色。前翅灰褐色，前缘中央有灰白色近三角形斑；内横线、中横线及外横线棕褐色，较明显；顶角近前缘有棕褐色斜纹，近外缘色淡，各占顶角的二等分；R_3脉部位的纵带呈棕黑色。后翅棕黑色，前缘及后角附近枯黄色，中央有1条较细的灰黑色横带。前、后翅反面枯黄色，各横线明显灰黑色；前翅基部中央有黑色长条斑，前缘外角有污白色长三角形斑。

习性： 1年发生1代。以老熟幼虫过冬，成虫于7月出现。为害豆科植物中的葛属、黎豆属。

分布： 中国北京、浙江、广东、广西、海南，印度。

1. 成虫背面　2. 成虫腹面　3. 幼虫

2013年8月　北京昌平

10　洋槐天蛾　*Clanis deucalion* (Walker)

形态： 成虫体长约44毫米，翅展约114毫米。头顶黄褐色，胸部背面赭黄，背线棕黑色，腹部背面赭色，有不甚显著的褐色背线。前翅赭黄，正面有1灰色边缘，中央有浅色半圆形斑；内、中、外横线呈棕黑色波状纹，中间由黄色脉纹分开，在R_3前方有1灰色线，顶角前上方呈赭色三角形斑，后角部分有粉白色鳞片，中室横脉处有暗褐色圆点。后翅中部棕黑色，前缘及内缘黄色；胸足腿节黑色，胫节及跗节粉红色；后足胫节外侧银白色，上有1很长端距，长于第一跗节。

习性： 主要为害豆科植物。

分布： 中国北京、河北、浙江、四川，印度。

1. 成虫背面　2. 成虫腹面

2014年6月　北京延庆

11 绒星天蛾 *Dolbina tancrei* Staudinger

形态：成虫翅展50～80毫米。体灰黄色，有白色鳞毛混杂；腹部背线有1列较大的黑点组成，尾端黑点成斑，两侧有内向倾斜的黑纹；胸、腹部的腹面黄白色，中央有几个比较大的黑点。前翅内、中、外横线均由深色的波纹状组成，亚外缘线灰白色，中室有1个极显著的白星。后翅棕褐色，缘毛灰白色。

习性：每年发生2代。以蛹在土中越冬，成虫5、9月出现。幼虫为害女贞、水蜡、白蜡等。

分布：中国北京、河北、辽宁、吉林、黑龙江、海南、湖南、湖北、四川，日本，朝鲜等国。

1. 成虫背面　2. 成虫腹面

2013年8月　北京怀柔

12 深色白眉天蛾 *Hyles gallii* (Rottemburg)

形态：成虫翅展70～85毫米。体翅浓绿色，胸部背面褐绿色，腹部背面两侧有黑、白色斑，腹面墨绿色，节间白色。前翅前缘墨绿色，翅基有白色鳞毛，自顶角至后缘基部有污黄色横带，亚外缘线至外缘呈灰褐色带。后翅基部黑色，中部有污黄色横带，横带外侧黑色，外缘线黄褐，缘毛黄色，后角内有白斑，斑的内侧有暗红色斑。前、后翅反面灰褐色，前翅中室及后翅中部的横线及后角黑色，中部有污黄色近长三角形大斑。

习性：1年发生1代。成虫7、9月出现，以蛹越冬。为害茜草、大戟、柳、棉花、猫儿眼等。

分布：中国北京、河北、黑龙江、朝鲜，以及非洲、欧洲、北美洲。

1. 成虫背面　2. 成虫腹面

2013年7月　北京怀柔

13 松黑天蛾 *Hyloicus caligineus sinicus* (Rothschild et Jordan)

形态： 成虫翅展60～80毫米。体翅暗灰色，胫板及肩板呈棕褐色线条，腹部背线及两侧有棕褐色纵带。前翅内横线及外横线不明显，中室附近有倾斜的棕黑色条纹5条，顶角下方有1条向后倾斜的黑纹；后翅棕褐色，缘毛灰白色。

习性： 1年发生2代。以蛹越冬，成虫5、7月出现。主要为害松。

分布： 中国北京、河北、黑龙江、上海，日本，俄罗斯。

1.成虫背面　2.成虫腹面

———————————
2013年7月　北京怀柔

14 白须天蛾 *Kentrochr ysalis sieversi* (Alpheraky)

形态： 成虫翅展92～102毫米。头灰白色；触角腹面棕色，背面灰白色，近端部有1段黑斑；背板灰色，后缘有黑、白色斑各1对；胸部两侧黑色，后缘有黑、白斑各1对；腹部背线棕黑色，两侧有较宽的黑色纵带。前翅灰褐，内、中、外横线棕黑色锯齿形，唯中横线较宽；中室端有1近三角形白色斑。后翅灰褐色，中央有不甚明显的浅色横带，后角部位灰白色。

习性： 1年发生1代。以蛹越冬，北京4月底、7月可见成虫。为害白蜡树等木犀科植物。

分布： 中国北京、河北、黑龙江、浙江、福建、云南、四川，朝鲜，俄罗斯。

1.成虫背面　2.成虫腹面

———————————
2013年7月　北京怀柔

15 女贞天蛾 *Kentrochr ysalis streckeri* Staudinger

形态： 成虫翅展53～65毫米。体翅灰褐色，间有白色鳞毛，腹部背线较细，不明显。前翅中横线、内横线及外横线呈单线锯齿状纹，不甚明显；中室端有很小的白色点，缘毛呈黑白相间的斑纹。后翅反面棕褐色，无显著斑纹，缘毛与前翅同。前、后翅反面棕灰色，有相连的深色横带1条。

习性： 1年发生1代，以蛹过冬。为害女贞、白蜡树等。

分布： 中国北京、河北、黑龙江、山西，日本。

1.成虫背面　2.成虫腹面

2014年7月　北京房山

16 小豆长喙天蛾 *Macroglossum stellatarum* (Linnaeus)

形态： 成虫翅展48～50毫米。体翅暗灰褐色；胸部灰褐色，腹面白色；腹部暗灰色，两侧有白色及黑色斑，尾毛棕色扩散呈刷状。前翅内、中两条横线弯曲棕黄色，外横线不甚明显；中室上有1黑色小点，缘毛棕黄色。后翅橙黄色，基部及外缘有暗褐色带。翅的反面暗褐色并有橙色带，基部及后翅后缘黄色。

习性： 每年发生2代。以成虫越冬。为害小豆、土三七、蓬子菜等茜草科植物。

分布： 中国北京、河北、河南、山西、山东、四川、广东，朝鲜，日本，印度，越南，尼日利亚。

1.成虫背面　2.成虫腹面

2014年7月　北京顺义

17　椴六点天蛾　*Marumba dyras* (Walker)

形态：成虫翅展90～100毫米。体翅灰黄褐色，胸部、腹部背线呈深棕色细线，腹部各节间有棕色环，胸、腹部腹面赤褐色。前翅各横线深棕色，外缘齿状棕黑色，后角内侧有棕黑色斑；中室端有小白点1个，白点上方顺横脉间有向前上方伸展的深褐色月牙纹1个。后翅茶褐色，前缘稍黄，后角向内有棕黑色斑2个。前、后翅反面赤褐色，前翅中、外横线显著，顶角及后角呈鲜艳的茶褐色；后翅各横线棕黑色，后角黄褐色，缘毛白色。

习性：为害椴树。

分布：中国北京、浙江，印度。

1.成虫背面　2.成虫腹面

2013年7月　北京怀柔

18　枣桃六点天蛾　*Marumba gaschkewitschi* (Bremer et Grey)

别名：桃六点天蛾、酸枣天蛾。

形态：成虫体长25～38毫米，翅展80～110毫米。体翅黄褐至灰紫褐色，触角淡灰黄色，胸部背板棕黄色，背线棕色。前翅各线之间色稍深，近外缘部分黑褐色，边缘波状，后缘部分色略深；近后角处有黑色斑，其前方有1黑点。后翅枯黄至粉红色，翅脉褐色，近后角部位有黑斑2个。前翅反面基部至中室呈粉红色，外横线与亚端线黄褐；后翅反面灰褐，各线棕褐色，后角色较深。

习性：1年发生2代。以蛹在土中30厘米处越冬，成虫5、6、8月出现，白天静伏于寄主叶背，夜间活动，有较强趋光性。卵多产于树干上及老树干的缝隙内，有些地区则多产于叶片上，每雌蛾可产卵150～450粒。幼虫为害枣、酸枣、桃、梨、樱桃、苹果、李、杏、葡萄、枇杷等果树叶片。

分布：中国北京、河北、山东、山西、陕西、内蒙古、河南、江苏、湖北，俄罗斯，蒙古。

1.成虫背面　2.成虫腹面

2013年7月　北京怀柔

19　黄边六点天蛾　*Marumba maacki* (Bremer)

形态： 成虫翅展约80毫米。体翅灰黄色，触角茶褐色。前翅各横脉黄褐色，不甚显著；顶角与外缘间有棕褐色月牙斑，后角有棕黑色斑1块，缘毛黄色。后翅灰黄色，基部色淡，后角有棕黑色圆斑2个，外缘呈较宽的黄色边带。前翅及后翅反面灰黄色，各横线明显棕色；前翅外横线外侧呈灰白色，顶角、后角及基部黄色；后翅后角黄色。

习性： 为害栎树。

分布： 中国北京、河北、黑龙江，俄罗斯。

1. 成虫背面　2. 成虫腹面

2014年8月　北京大兴

20　栗六点天蛾　*Marumba sperchius* Ménéntriés

形态： 成虫翅展90～120毫米。体翅淡褐色；从头顶到尾端有1条暗褐色背线。前翅各线呈不甚明显的暗褐色条纹，内横线、外横线各由3条组成，后角内前上方Cu_2脉中部有圆形暗褐色条纹2块，沿外缘绿色较浓，外缘线越向后朝内方迂回。后翅暗褐色，近后角处有1暗褐色圆斑。

习性： 每年发生2代。以蛹在浅土层中越冬，成虫6、8月出现。为害栗、栎、槠树、核桃。

分布： 中国北京、河北、辽宁、吉林、黑龙江、广东、广西、海南、台湾，日本，朝鲜，俄罗斯，印度。

1. 成虫背面　2. 成虫腹面

2013年7月　北京怀柔

21 构月天蛾 *Paeum colligata* (Walker)

形态：成虫翅展65～80毫米。体翅褐绿色，胸部背板及肩板棕褐色。前翅亚基线灰褐色，内横线与外横线之间呈较宽的茶褐色横带，中室末端有1个小白点，外横线暗紫色；顶角有新月形暗紫色斑，斑四周白色；顶角至后角间有向内呈弓形的白色带。后翅浓绿色，外横线色较浅，后角有棕褐色月牙斑1块。

习性：1年发生2代。以蛹越冬，成虫6、9月出现。为害构树、桑树。

分布：中国北京、河北、河南、山东、吉林、辽宁、四川、台湾，日本，缅甸，印度。

1.成虫背面　2.成虫腹面

2013年8月　北京怀柔

22 白环红天蛾 *Pergesa askoldensis* (Oberthür)

形态：成虫翅展约50毫米。体赤褐色，从头至肩板四周有灰白色毛，颈后缘毛白色，腹部两侧橙黄色，各节间有白色环纹。前翅狭长橙红色，内横线不明显，中横线较宽棕绿色，外横线呈较细的波状纹，顶角有1条向外倾斜的棕绿色斑，外缘锯齿形，各脉端部棕绿色。后翅基部及外缘棕褐色，中间有较宽的橙黄色纵带，后角向外突出。

习性：每年发生1或2代。成虫5、8月出现。为害山梅花、紫丁香、梣皮、葡萄、鼠李。

分布：中国北京、黑龙江，朝鲜，俄罗斯。

1.成虫背面　2.成虫腹面

2013年8月　北京延庆

23　　红天蛾　　*Pergesa elpenor lewisi* (Butler)

形态：成虫翅展55～70毫米。体翅红色为主有红绿色闪光，头部两侧及背部有2条纵行的红色带；腹部背线红色，两侧黄绿色，外侧红色，第一节两侧有黑斑。前翅基部黑色，前缘及外横线、亚外缘线、外缘及缘毛都为暗红色，外横线近顶角处较细，越向后缘越粗，中室有1小白点。后翅红色，近基半部黑色。翅反面色较鲜艳，前缘黄色。

习性：1年发生2代。以蛹越冬，成虫6、9月出现。为害凤仙花、千屈菜、蓬子菜、柳叶菜、柳、兰、葡萄。

分布：中国北京、河北、吉林、四川，朝鲜，日本。

1.成虫背面　2.成虫腹面

2014年6月　北京顺义

24　　紫光盾天蛾　　*Phyllosphingia dissimilis sinensis* (Jordan)

形态：成虫翅展105～115毫米。体翅灰褐色，全身有紫红色光泽，越浅部位越明显；胸部背线棕黑色，腹部背线紫黑色。前翅基部色稍暗，内、外两横线色稍深，前缘略中央有较大的紫色盾形斑1块，周围色显著加深，外缘色较深呈显著的锯齿状。后翅有3条波浪状横带，外缘紫灰色，齿较深。

习性：1年发生1代。以蛹越冬，成虫6、7月出现。主要为害核桃、山核桃。

分布：中国北京、河北、黑龙江、山东、广东、广西、海南，日本，印度。

1.成虫背面　2.成虫腹面

2013年7月　北京平谷

25　丁香天蛾　*Psilogramma increta* (Walker)

形态：成虫翅展108～126毫米。头黑褐色，胸背棕黑色，肩板两侧有纵黑线；后缘有黑斑1对，黑斑内侧前方有白点，下方有黄色斑；腹部背线黑色，两侧有较宽的棕黑色纵带；胸、腹部腹面白色。前翅灰白色，各横线不明显，中室有灰黄色小圆点，周围有较厚的黑色鳞，形成不甚规则的短横带，顶角有较细的黑色曲线。后翅棕黑色，外缘有白色断线，后角有2块椭圆形灰白色斑。

习性：1年发生2代。以蛹越冬，成虫5、9月出现。为害丁香、梧桐、女贞、楸树。

分布：中国北京、浙江、台湾，日本，朝鲜。

1.成虫背面　2.成虫腹面

2013年8月　北京密云

26　白肩天蛾　*Rhagastis mongoliana* (Butler)

形态：成虫翅展45～60毫米。体翅褐色，头部及肩板两侧白色，胸部后缘有橙黄色毛丛。前翅中部有不甚明显的茶褐色横带，近外缘呈灰褐色，后缘近基部白色。后翅灰褐色，近后角有黄褐色斑。翅反面茶褐色，有灰色散点及横纹。

习性：1年发生2代。以蛹越冬，成虫5、8月出现。为害葡萄、乌蔹梅、凤仙花、伏牛花、小檗。

分布：中国北京、河北、黑龙江，日本，朝鲜，俄罗斯。

1.成虫背面　2.成虫腹面

2014年7月　北京怀柔

27 蓝目天蛾 *Smerithus planus planus* (Walker)

别名： 柳天蛾。

形态： 成虫翅展 80 ~ 90 毫米。体翅灰褐色，胸部背面中央褐色。前翅基部灰黄色，中横线呈前后两块深褐色斑，中室前端有一个丁字形浅纹，外横线呈两条深褐色波状纹，外缘自顶角以下色较深。后翅淡黄褐色，中央有大蓝目斑一个，斑的周围黑色，蓝目上方粉红色。

习性： 1年发生2代，以蛹越冬，成虫5、7月出现。为害柳、杨、桃、樱桃、苹果、沙果、海棠、梅、李等树木。

分布： 中国北京、河北、河南、山东、山西、宁夏、甘肃、内蒙古、辽宁、吉林、黑龙江及长江流域各省份，朝鲜，日本，俄罗斯。

1.成虫背面　2.成虫腹面

2014年6月　北京延庆

28 北方蓝目天蛾 *Smerithus planus alticola* Clark

形态： 成虫体长约28毫米，翅展约62毫米。体黑褐色。前翅灰褐，有粉红色鳞粉，翅基片灰黑色，亚基线与中横线间形成两块黄褐色斑，中间有粉红色纵带1条；外横线呈波状纹，亚外缘线弧形，外缘较直，臀角上方稍内陷，中室端有丁字形棕黄色斑。后翅棕褐色，外缘黑褐色，中央有较大圆斑1个，圆斑中央黄褐色，外围黑色，中间有粉红色区域，圆斑上方红色。前翅反面自翅基至中室端有红色三角区；后翅反面线纹明显。

习性： 为害桃、柳、杨。

分布： 北京、河北、吉林、山东。

1.成虫背面　2.成虫腹面

2014年8月　北京怀柔

29 红节天蛾 *Sphinx ligustri constricta* Butler

形态：成虫翅展80～88毫米。头灰褐色，颈板及肩板两侧灰粉色，胸背棕黑色，后胸有成丛的黑基白梢毛；腹部背线黑色较细，各节两侧前半部粉红色，后半有较狭的黑色环；腹面白褐色。前翅基部色淡，内、中横线不明显，外横线呈棕黑色波纹状，中室有较细的纵横交叉黑纹。后翅烟黑色，基部粉红色，中央有1条前、后翅相连接的黑色斜带，带的下方粉褐色。

习性：每年发生1代。以蛹越冬。为害水蜡树、丁香、桦皮、山梅、橘等。

分布：中国北京、天津、河北、内蒙古、辽宁、吉林、黑龙江，日本，朝鲜，以及欧洲。

1.成虫背面　2.成虫腹面

2014年8月　北京怀柔

1　浩波纹蛾　*Habrosyna derasa* Linnaeus

形态：成虫翅展约45毫米。头部黄棕色，有白色斑，颈板红褐色，前缘有1白色带和1褐黑色线；胸部黄棕色，有白色和黄色纹。前翅浅棕灰色，中部黄红褐色，前缘白色，基部亚中褶上有1由白色竖鳞组成的斜纹，有丝样光泽；内横线白色，成45°角外斜，内横线外侧有3～4条赤褐色微弯曲的斜线，后半部模糊；外横线在M_1脉与2A脉间有4条赤褐色和白色Z形折曲的线；环纹和肾纹赤褐色，白色边；肾纹中央有1白色短纹；亚端线为白色带，从顶角内弯到臀角，前端加宽；端线为1列新月形白斑，缘毛黄棕色与白色相间。后翅暗浅褐色，缘毛黄棕色与白色。

习性：幼虫为害草莓。

分布：中国北京、河北、黑龙江、吉林、辽宁，朝鲜，日本，印度，以及欧洲。

1.成虫背面　2.成虫腹面

2013年7月　北京顺义

2　白太波纹蛾　*Tethea albicostata* (Bremer)

形态：成虫翅展36～44毫米。触角、头部和颈板偏浅黑色或红棕色，颈板的后缘有1条黑褐色横线，胸部灰棕色；腹部浅棕色。前翅从中室至M_1脉之间的后缘区暗棕色，中室和中室的前缘区域浅灰白色；亚基线为双线，向外倾斜，黑色；内横线黑色，带状，前窄后宽，在亚中褶处向外折角，在中室后缘和A脉处向内折角；环纹圆形，白色具黑棕细边；横脉纹长椭圆形，白色具黑棕细边，在中央有1前小后大的黑色斑点；外横线双线，内一线浅黑色，在M_3脉向外折角，然后微锯齿状向内斜；亚缘线波浪形，白灰色；在外横线和亚缘线间的翅脉上有黑色纵短纹；翅顶角有1黑褐色斜纹；顶斑白色；缘线由1列月形黑褐色细线组成；缘毛灰色。后翅浅棕灰色，有1条浅色外带，沿翅外缘有1条浅棕灰色宽带，缘毛白色。个体间前翅中区的宽度、外横线的宽度以及斑间距离稍有变异。

习性：成虫在4～9月出现，在海拔390～3 000米均可采到。

分布：中国北京、河北、黑龙江、吉林、辽宁、浙江、湖北、湖南、四川、陕西，朝鲜，日本，俄罗斯。

1.成虫背面　2.成虫腹面

2013年7月　北京密云

3 太波纹蛾 *Tethea ocularis* (Linnaeus)

形态： 成虫翅展32～40毫米。头部暗灰褐色；颈板灰白色，前缘有1黑褐色线，后缘有1暗红褐色线；胸部灰褐色，前半部略带玫瑰棕色；腹部基部白灰棕色，腹部其余部分浅灰棕色。前翅白灰色，带玫瑰棕色；亚基线灰色；内横线和外横线均为双线，内横线内侧和外横线外侧各有1相平行的暗褐色线或带，其线或带在翅脉上形成黑纹点；环斑白色，圆形，中央有1黑色点；横脉斑白色，"8"字形，中央有黑色横纹，纹的下段粗，并与下面的边线相连；亚缘线白色，其前缘形成1灰白色斑；翅顶有1黑色斜纹；缘线暗褐色，纤细，缘毛白灰色。后翅灰色，外带白色，较宽，翅外缘灰色；缘毛白色。

习性： 辽宁1年发生2代。成虫于5月下旬至6月、7月中下旬、8月上中旬可见；幼虫为害期通常在6月、8月，幼虫白天隐藏在寄主叶片中间，或在卷曲的枯叶里，老熟幼虫用寄主植物的叶和丝连成松散的薄茧，在茧内，或在苔藓中间，或在树干基部化蛹。寄主为杨属（*Populus* L.）植物。

分布： 中国北京、河北、内蒙古、黑龙江、吉林、辽宁、陕西、甘肃、青海、宁夏、新疆，朝鲜，日本，俄罗斯远东地区，以及欧洲的北部和中部、小亚细亚。

1.雄成虫背面　2.雄成虫腹面
3.雌成虫背面　4.雌成虫腹面

1、2.2013年7月　北京密云

3、4.2014年5月　北京怀柔

1 黑蝉网蛾 *Glanycus tricolor* Moore

形态：成虫雄翅长12～13毫米，体长6～7毫米；雌翅长11～13毫米，体长7～8毫米。头及下唇须黑色，触角黑色，雄、雌均为双栉多羽形，栉羽白色；体背面黑色，胸部前缘、腹部第一节及末端有3条红色横带，胸部及腹部的侧板红色；足黑色，前足胫节内侧有距刺，中足及后足胫节比较宽，后足胫节有距2对。前翅完全黑色，有蓝光，中室有1近长方形透明斑。后翅黑色，中室下方有红晕条纹，中室上有较大的盾形透明斑。前、后翅反面色斑与正面相同。

分布：北京、四川、云南。

1.成虫背面　2.成虫腹面

2014年6月　北京怀柔

1 黄斑长翅卷蛾 *Acleris fimbriana* (Thunberg)

别名： 黄斑卷叶蛾、桃卷叶蛾、酸木果卷叶蛾。

形态： 成虫翅展17～21毫米。成虫从体色可分为夏季型和越冬型：夏季型的头、胸部和前翅呈金黄色，翅面上有很多分散的银白色竖起的鳞片丛，后翅灰白色，缘毛黄白色。越冬型的头、胸部和前翅呈深褐色或暗灰色，后翅比前翅颜色略淡；有的个体前翅呈栗褐色，后翅暗褐色。

习性： 在华北1年4代，以越冬型成虫在杂草、落叶内越冬。幼虫5月上旬发生；6月中、下旬，7月下旬，9月上、中旬及10月中、下旬是各代成虫发生期。为害桃、李、杏、山丁子、海棠、苹果等。

分布： 中国北京、天津、河北、内蒙古，日本，朝鲜，俄罗斯。

1.成虫背面　2.成虫腹面

2014年9月　北京昌平

2 棉褐带卷蛾 *Adoxophyes honmai* (Yasuda)

形态： 成虫翅展15.5～21.5毫米；体背及翅黄褐色，前翅中部具1明显的h形纹，即具明显的弯曲分枝，延伸达臀角，有时交叉处前可缩小或断裂；雄蛾前翅前缘褶约占前缘的1/2。

习性： 北京7～9月灯下可见成虫。幼虫取食棉花、茶、柑橘等。

分布： 中国北京、陕西、甘肃、河北、河南、山东、江苏、浙江、安徽、福建、台湾、湖南、广东、广西、海南、四川、贵州，日本。

1.成虫背面　2.成虫腹面　3.成虫静止状

2014年8月　北京平谷

3 后黄卷蛾 *Archips asiaticus* (Walsingham)

形态：成虫雌雄二型。雄蛾翅展20.5～24.5毫米。下唇须短，上伸。前翅黄褐色，具红褐色斑纹；前缘褶大，长于前缘的1/3；亚端纹弯月形，大，占前缘的1/3强，延伸至翅外缘中部之后；外缘端半部及顶角处的缘毛黑褐色。雌蛾翅展23.0～28.5毫米，前翅顶角强烈凸出，基斑和中带模糊。

习性：北京8月灯下可见成虫。幼虫取食苹果、李、日本樱花、梨、花楸等多种植物嫩叶和果实。

分布：中国北京、甘肃、陕西、宁夏、吉林、天津、河南、山东、江苏、浙江、安徽、江西、福建、湖南、广东、四川，日本，朝鲜，俄罗斯。

1.成虫背面　2.成虫腹面

2013年8月　北京平谷

4 九江卷蛾 *Argyrotaenia liratana* (Christoph)

形态：成虫翅展雄蛾13～22毫米，雌蛾22～24毫米。下唇须淡赭色，头部和胸部褐色，往往杂有淡赭色。前翅端部略膨大，前缘稍凸出，顶角尖出，外缘倾斜，前缘褶只有翅长的1/3；淡灰褐色，有黑褐斑；基斑不明显，中带斑纹近前缘部分呈点状斑；中室部分消失，近后缘和臀角变得更宽，有时消失；端纹明显呈椭圆形；缘毛色淡。后翅灰褐，缘毛淡灰褐。雄性外生殖器：爪形突细长，末端尖；尾突长，下垂；颚形突两臂汇合后向上举，呈钩状；抱器瓣宽，端部呈卵圆形；抱器腹细长，基部略宽；阳茎长，弯曲，末端尖；阳茎针多枚。雌性外生殖器：导管端片杯状；交配囊大，有1枚钩形囊突。

习性：在黄山5～6月和9月出现成虫。幼虫为害双子叶植物的枯枝落叶。

分布：中国北京、黑龙江、陕西、安徽、江西、湖南、福建、青海、四川、云南，日本，印度。

1.成虫背面　2.成虫腹面

2013年8月　北京怀柔

5 南色卷蛾 *Choristoneura longicellana* (Walsingham)

别名：黄色卷蛾。

形态：成虫翅展雄19～24毫米，雌23～34毫米。雄头部有淡黄褐色长鳞毛，前翅接近方形，前缘褶很长，基部一段缺少；全翅呈淡黄褐色，有深色基斑和中带，在近基部后缘有1黑色斑点，中室占全翅长的4/5。雌前翅延长呈长方形，前缘凸出，在近顶角处凹陷，顶角又凸出，中室占全翅长的2/3～3/4。后翅灰褐色，顶角黄色。

习性：东北1年发生2代，幼虫在枯叶或枝干的伤口裂缝中越冬。第一代成虫出现在6月，第二代在8月中。成虫产卵在叶面，卵黄绿色、椭圆形、扁平，数十粒排成鱼鳞状。为害苹果、梨、山楂、鼠李、栎、山槐等。

分布：中国北京、天津、河北、内蒙古、辽宁、吉林、黑龙江、海南、湖北、湖南，俄罗斯，朝鲜，日本。

1.成虫背面　2.成虫腹面

2014年6月　北京延庆

6 栗黑小卷蛾 *Cydia glandicolana* (Danilevsky)

别名：栎实小蠹蛾、栎实卷叶蛾、栗卷叶蛾。

形态：成虫翅展14～21毫米。前、后翅灰黑色，臀角白。前翅肛上纹在两铅灰色横条间有3～4条黑色短线；后臀近臀角处有1三角形黑斑，中部有1对斜向顶角的白色斑；前缘有一系列白色钩状纹。后翅缘毛淡灰褐色。

习性：1年发生1代。以老熟幼虫在枯枝落叶中做白茧越冬，第二年6月中旬化蛹。7月上、中旬羽化，傍晚交尾，产卵在栗苞上。8月初孵幼虫蛀入苞内为害果实，9～10月随着果实成熟落地化蛹。

分布：中国北京及东北、华北、华中、华东、西北，日本，朝鲜，俄罗斯。

1.成虫背面　2.成虫腹面

2013年8月　北京怀柔

7　白钩小卷蛾　*Epiblema foenella* (Linnaeus)

形态：成虫翅展约19毫米。唇须略向上举，头、胸、腹部深褐色。前翅黑褐色，由后缘距基部1/3处有1条白带伸向前缘，到中室前缘即折90°角向臀角方向转，同时逐渐变细并止于中室下角外方，有的与肛上纹相连，整个白斑呈钩状，但有的类型不成钩状，则成1指状白斑指向前缘中部，止于中室前缘略过一点；前缘近顶角附近有4对钩状纹；肛上纹很大，里面有几粒黑褐色斑点。后翅和缘毛皆呈褐色。幼虫白色或黄白色，头部褐色，前胸背板黄色。

习性：幼虫为害艾的根部和茎下部。

分布：中国北京、天津、河北、内蒙古、黑龙江、吉林、辽宁，印度。

1. 成虫背面　2. 成虫腹面

2014年6月　北京通州

8　麻小食心虫　*Grapholita delineana* Walker

别名：四纹小卷叶蛾、大麻食心虫。

形态：成虫翅展11~15毫米。唇须灰白色，向上弯曲，第二节长，末节相当于第二节长的1/2；头部及前胸鳞毛粗糙，灰褐色；触角有灰、褐相间的环状毛。前翅茶褐色或灰褐色，前缘有9~10个黄白色钩状纹，顶角的沟状纹为新月形，有时扩大为圆斑；后缘中部有4条黄白色或灰白色的平行弧状纹，纹的边缘呈浓褐色，对比鲜明，故又称四纹小卷叶蛾；肛上纹不明显，近臀角处有两条灰色纹。后翅黑褐色，缘毛灰褐色。卵淡黄色，半透明，扁椭圆形。

习性：1年2代。幼虫入土或在种子间隙结茧越冬。幼虫为害大麻、葎草等。第一代幼虫蛀食大麻嫩茎，为害期自6月中旬至8月上旬；第二代幼虫幼虫蛀食嫩果，为害期自8月上旬至大麻收割。

分布：中国北京、黑龙江、河北、江西、浙江、四川，日本。

成虫背面

2013年7月　北京顺义

9 **李小食心虫** *Grapholita funebrana* (Treitschel)

别名：李小蠹蛾。

形态：成虫翅展11～14毫米。体背面灰褐色，头部鳞片灰黄色；唇须背面灰白色，其余部分灰褐色杂有许多白点，向上举。前翅长方形，烟灰色，没有明显斑纹，有18组不很明显的白色沟状纹。后翅梯形，淡烟灰色。本种与梨小食心虫很近似，其主要区别是本种前翅较狭长，颜色淡，为烟灰色，前缘白色沟状纹不明显，有18组；而梨小食心虫白色钩状纹明显，有10组，前翅中室端部附近有1明显斑点。

习性：辽宁兴城1年2代。以幼虫越冬。幼虫为害李、杏、樱桃等。

分布：中国北京、黑龙江、辽宁、吉林、宁夏、甘肃、新疆，日本，俄罗斯等欧洲国家。

1.成虫背面　2.成虫腹面

2014年5月 北京大兴

10 **斑刺小卷蛾** *Pelochrista arabescana* (Eversmann)

形态：成虫翅展约20毫米。体淡褐色或黑褐色，唇须下垂，第二节鳞片膨大和末节连接成三角形。前翅长，有白色或灰白色条状斑纹；前缘近顶角有倒八字形条纹，外缘顶角下与外缘近乎平行有1条很细的条纹，后缘上有1卧"3"字形条纹，外加由翅基部和后缘基部各伸出1条纹，汇合成一条近弧形条纹，连在卧"3"字形条纹的第一个凸肚上。后翅的端半部比基半部色深，缘灰褐色。

习性：幼虫为害艾的根部和茎下部。

分布：中国北京、河北、吉林、青海，俄罗斯。

1.成虫背面　2.成虫腹面

2013年8月　北京平谷

1　斜线燕蛾　*Acropteris iphiata* Guenée

形态：成虫翅展25~32毫米。翅粉白色，有棕褐或褐色斜纹，斜纹可分为5组，前后翅相通，中间为1斜白带相隔，斜白带前方为浓褐色，中室全被覆盖，斜白带后侧一组为浓褐色，尤其在后翅上包括许多线纹，第二组只两条斜线，在后翅间距较宽，中间有褐色散点，最外1组是两条细线组成；前翅顶角处有1黄褐斑。

分布：中国北京、河北、江苏、浙江、西藏，日本，缅甸，印度。

1.成虫背面　2.成虫腹面

2014年7月　北京怀柔

1 稠李巢蛾 *Yponomeuta evonymellus* (Linnaeus)

形态：成虫翅展约22毫米，翅宽约3毫米。触角白色；唇须白色，向前伸，末端尖；头顶与颜面密布白色鳞毛。前翅白色，有40多枚小黑点，大致排列成5纵行，近外缘处还有较细的黑点约10个，大致成横行排列；前翅反面为灰黑色，缘毛和前缘为白色。后翅灰黑色，缘毛为淡灰白色。

习性：1年发生1代。以幼龄幼虫在卵块覆盖物下越冬，翌年4月下旬寄主开始发叶时，幼虫吐丝缀叶作巢为害，6月上旬结茧化蛹，6月中旬开始羽化成虫。为害稠李、山花楸等。

分布：北京、河北及我国北部其他地区，欧洲。

1.成虫背面　2.成虫腹面

2014年8月　北京怀柔

1 **梨星毛虫** *Illiberis pruni* Dyar

别名：梨叶斑蛾。

形态：成虫翅展23~24毫米。体及翅暗青蓝色有光泽，翅半透明，翅缘浓黑色，略生细毛。

习性：长江下游1年发生1代，陕西2代。以幼虫在树皮裂缝间结茧越冬，翌年春季吐丝黏合嫩叶隐匿其间取食叶片、花蕾。幼虫为害梨、苹果、沙果、海棠、李、杏、桃、樱桃、山楂、榅桲、枇杷。

分布：中国北京、河北、黑龙江、吉林、辽宁、山西、山东、江苏、浙江、湖南、陕西、甘肃、宁夏、青海、四川、广西、云南，日本。

1.成虫背面　2.成虫腹面

2013年9月　北京怀柔

参 考 文 献

菜荣权，1981.中国经济昆虫志：第十六册　鳞翅目舟蛾科[M].北京：科学出版社.

陈一心，1985.中国经济昆虫志：第三十二册　鳞翅目夜蛾科（四）[M].北京：科学出版社.

陈一心，1999.中国动物志：昆虫纲　第十六卷　鳞翅目夜蛾科[M].北京：科学出版社.

方承莱.2000.中国动物志：昆虫纲　第十九卷　鳞翅目灯蛾科[M].北京：科学出版社.589.

关玲，陶万强，2010.北京林业有害生物名录[M].哈尔滨：东北林业大学出版社.

韩红香，薛大勇，2011.中国动物志：昆虫纲　第五十四卷　鳞翅目尺蛾科尺蛾亚科[M].北京：科学出版社.

刘友樵，白九维，1985.中国经济昆虫志：第十一册　鳞翅目卷蛾科（一）[M].北京：科学出版社.

刘友樵，李广武，2002.中国动物志：昆虫纲　第二十七卷　鳞翅目卷蛾科[M].北京：科学出版社.

吴福祯，高兆宁，1978.宁夏昆虫图志[M].修订版.北京：农业出版社.

武春生，方承莱，2003.中国动物志：昆虫纲　第三十一卷　鳞翅目舟蛾科[M].北京：科学出版社.

徐公天，杨志华，2007.中国林业害虫[M].北京：中国林业出版社.

薛大勇，朱弘复，1999.中国动物志：昆虫纲　第十五卷　鳞翅目尺蛾科花尺蛾亚科[M].北京：科学出版社.

虞国跃，2015.北京蛾类图谱[M].北京：科学出版社.

赵仲苓，2003.中国动物志：昆虫纲　第三十卷　鳞翅目毒蛾科[M].北京：科学出版社.

赵仲苓，2004.中国动物志：昆虫纲　第三十六卷　鳞翅目波纹蛾科[M].北京：科学出版社.

中国科学院动物研究所，1983.中国蛾类图鉴（Ⅰ—Ⅳ）[M].北京：科学出版社.

中国科学院动物研究所，1987.中国农业昆虫：下册[M].北京：农业出版社.

朱弘复，陈一心，1963.中国经济昆虫志：第三册　鳞翅目夜蛾科（一）[M].北京：科学出版社.

朱弘复，方承莱，王林瑶，1963.中国经济昆虫志：第七册　鳞翅目夜蛾科（三）[M].北京：科学出版社.

朱弘复，王林瑶，1980.中国经济昆虫志：第二十二册　鳞翅目天蛾科[M].北京：科学出版社.

朱弘复，王林瑶，1996.中国动物志：昆虫纲　第五卷　鳞翅目蚕蛾科大蚕蛾科网蛾科[M].北京：科学出版社.

朱弘复，王林瑶，1997.中国动物志：昆虫纲　第十一卷　鳞翅目天蛾科[M].北京：科学出版社.

朱弘复，杨集昆，陆近仁，等，1964.中国经济昆虫志：第六册　鳞翅目夜蛾科（二）[M].北京：科学出版社.

朱弘复，等，1973.蛾类图册[M].北京：科学出版社.

BARLOW H S，1982. An introduction to the moths of south east Asia[J]. The Malayan Nature Society, Kuala Lumpur & E W Classey, Faringdon, Oxon U.K.,1-305.

INOUE H, SUGI S, KUROKO H, MORIUTI S, KAWABE A，1982. Moths of Japan [J]. 2 vols. Tokyo: Kodansha.

KONONENKO, VLADIMIR, S B AHN& L RONKAY, 1998. Illustrated catalogue of Noctuidae in Korea (Lepidoptera) [J]. Insects of Korea Series 3: 1-507.

KONONENKO, VLADIMIR &HUI-LIN HAN, 2007. Atlas genitalia of Noctuidae in Korea (Lepidoptera)[J]. Insects of Korea Series 11: 1-461.

PARENTI, UMBERTO，2000. A guide to the Microlepidoptera of Europe[J]. Museo Regionale di Scienze Neditionaturali: 1-426.

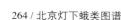
264 / 北京灯下蛾类图谱

中文名称索引

中文名称索引

学名索引

学名索引

学名索引

图书在版编目（CIP）数据

北京灯下蛾类图谱／丁建云，张建华主编．—北京：
中国农业出版社，2016.12
ISBN 978-7-109-22268-7

Ⅰ．①北…　Ⅱ．①丁…　②张…　Ⅲ．①鳞翅目–北京
–图谱　Ⅳ．①Q969.420.8-64

中国版本图书馆CIP数据核字（2016）第285177号

中国农业出版社出版
（北京市朝阳区麦子店街18号楼）
（邮政编码100125）
责任编辑　张洪光　阎莎莎

北京中科印刷有限公司印刷　新华书店北京发行所发行
2016年12月第1版　2016年12月北京第1次印刷

开本：700mm×1000mm 1/16　印张：19
字数：420千字
定价：268.00元
（凡本版图书出现印刷、装订错误，请向出版社发行部调换）